空间群组密钥管理研究
——基于自主的深空 DTN 密钥管理

周　健　孙丽艳　著

北京大学出版社

PEKING UNIVERSITY PRESS

内 容 简 介

密钥管理是深空 DTN 安全研究不可或缺的内容，为身份认证、安全接入、安全信道建立和密钥协商等安全协议提供技术基础。由于地面无线网络密钥管理建立在可靠端到端连接、较短延时和同步性等假设基础上，因此将地面无线网络的密钥管理应用于深空网络具有不可避免的先天缺陷。从这一点出发，研究适合深空 DTN 的密钥管理具有十分重要的理论和实践意义。本书以密钥学基础、安全协议和可证明性安全为理论基础，从加密解密算法、密钥协商协议、单播/组播密钥管理协议和身份认证协议 4 个方面展开深入研究。

本书适合相关科学工作者和工程技术人员参考使用。

图书在版编目(CIP)数据

空间群组密钥管理研究：基于自主的深空 DTN 密钥管理 / 周健，孙丽艳著. —北京：北京大学出版社，2024.1
ISBN 978-7-301-33784-4

Ⅰ. ①空… Ⅱ. ①周…②孙… Ⅲ. ①密钥学—研究 Ⅳ. ①TN918.1

中国国家版本馆 CIP 数据核字（2023）第 069737 号

书　　　　名	空间群组密钥管理研究——基于自主的深空 DTN 密钥管理 KONGJIAN QUNZU MIYAO GUANLI YANJIU——JIYU ZIZHU DE SHENKONG DTN MIYAO GUANLI
著作责任者	周　健　孙丽艳　著
策划编辑	郑　双
责任编辑	郑　双
数字编辑	蒙俞材
标准书号	ISBN 978-7-301-33784-4
出版发行	北京大学出版社
地　　　　址	北京市海淀区成府路 205 号　100871
网　　　　址	http://www.pup.cn　新浪微博：@北京大学出版社
电子邮箱	编辑部 pup6@pup.cn　总编室 zpup@pup.cn
电　　　　话	邮购部 010-62752015　发行部 010-62750672 编辑部 010-62750667
印刷者	三河市北燕印装有限公司
经销者	新华书店
	650 毫米×980 毫米　16 开本　14.25 印张　164 千字 2024 年 1 月第 1 版　2024 年 1 月第 1 次印刷
定　　　　价	68.00 元

前　　言

随着空间探索活动的不断增加，空间通信成为深空探测必备技术之一。深空通信因复杂空间环境和远距离通信传输面临诸多的挑战，为解决长延时和非可靠端到端服务问题，深空延时容忍网络（Delay Tolerant Networks，DTN）被提出。深空 DTN 是无线网络的一种，具有比地面无线网络更为严重的安全威胁。现有地面网络安全策略具有先天缺陷，不能满足深空 DTN 需要。因此，面向深空 DTN 的安全策略成为深空 DTN 成功部署的重要先行技术之一。

本书以密钥学基础、安全协议和可证明性安全为理论基础，从加密解密算法、密钥协商协议、单播/组播密钥管理协议和身份认证协议4 个方面展开深入研究，其主要工作和创新性成果如下。

（1）提出一种新颖的自主深空 DTN 安全体系结构。研究星上自主能力的可行性，定义自主密钥管理和它的 4 种属性：自组织、自配置、自优化和自保护。从单加密密钥多解密密钥加密/解密协议出发，研究密钥更新模型，提出独立密钥更新模型和自主密钥更新模型，具有比基于单加密密钥单解密密钥加密/解密模型的密钥更新模型更优的更新效率。

（2）从独立密钥更新模型出发，提出一种基于独立的深空 DTN 密钥管理方案。通过门限密钥的共享秘密乘积机制将一个密钥碎片分解为两个乘积因子，成员将其中一个因子作为解密密钥，当有成员退出或加入网络时，只需更新组播源加密密钥碎片中的另一个乘积因子，密钥更新开销因成员秘密解密密钥保持不变而减少，具有前向和后向安全性和抗合谋攻击，适合传输延时有限的深空 DTN。从密钥协议角度证明独立密钥更新模型的可行性。

（3）从自主密钥更新模型出发，提出一种基于自主的深空 DTN 密钥管理方案。通过多次方程在迪菲-赫尔曼（Diffie-Hellman，DH）协议基础上设计一种具有自主能力的单加密密钥多解密密钥加密/解密协议，方程根集合为私有解密密钥集合，方程系数构造唯一公开加密密钥，具有任意方程根的成员都能成功对公开加密密钥加密的信息解密，并能在不破坏其他方程根作为解密密钥合法性的前提下自主地注册、撤销和更新私有解密密钥，具有无须密钥管理中心支撑即可自主完成密钥更新任务的能力。非更新节点密钥保持不变，限制密钥更新规模且无须同步机制支持，进一步优化深空 DTN 密钥管理效率。该方案的提出为深空 DTN 密钥管理提供了自保护、自组织和自配置的特性，从密钥协议角度证明自主密钥更新模型的可行性，具有比基于独立密钥更新模型的密钥管理方案更优的性能。此外，该研究从优化逻辑密钥树、支持网络的快速合并/分裂操作和抵御自适应选择密文攻击角度设计了三种优化方案，进一步证明单加密密钥多解密密钥加密/解密协议具有自组织、自优化的能力，并具有较高的安全性。

（4）从空间实体身份认证角度出发，设计基于单加密密钥多解密密钥加密/解密协议的匿名共享证书实体认证协议。在身份验证中，由于所有合法身份秘密值都对应一份证书，因此验证者只能验证挑战者身份的合法性，而不能识别挑战者的具体身份和区别多个合法的挑战者，从而提供了匿名性保护，并且支持半诚实深空 DTN 的身份校验，防止深空 DTN 中间转发节点选择性丢包。这在理论上进一步扩展了所提出的单加密密钥多解密密钥加密/解密协议在安全协议中的应用。

　　综上所述，在理论意义上，自主化密钥管理方案的提出证明了自主密钥更新模型的可行性，提出并验证具有单加密密钥多解密密钥性质的密钥管理方案在密钥更新上具有比基于单加密密钥单解密密钥性质的密钥管理方案更好的性能。在实践意义上，自主化的深空 DTN 密钥管理提供本地化的自主密钥管理方法，成员在无须密钥管理中心支持的情况下自主地注册、更新和撤销私有秘密合法密钥材料，而不能破坏其他成员的私有秘密密钥材料的合法性，不仅能够满足动态网络密钥管理的前向和后向安全性，而且具有自保护性。在效率上，无须密钥管理中心支持、非同步性机制和非全体成员的密钥材料交互，缩小密钥更新规模，减少密钥管理的延时和总体计算开销，降低对可靠端到端链路的依赖。因此，单加密密钥多解密密钥加密/解密协议和自主密钥管理方案适合延时受限的深空 DTN。

　　本书的研究内容由国家自然科学基金项目：长延时非可靠端到端深空网络自主密钥管理研究（61402001）、安徽省高等学校自然基金资助项目（KJ2020A0013，KJ2019A0657）和安徽财经大学著作出版基金资助。

作　者

2022 年 9 月

目　　录

第1章

研究背景

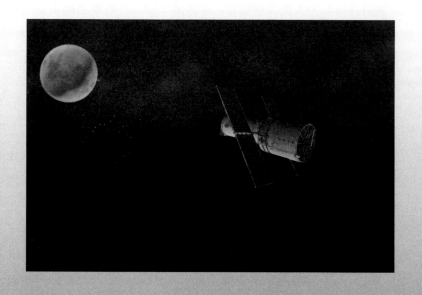

1.1 研 究 意 义

　　科学技术的不断进步和对未知领域的好奇，驱使人类探索更为广泛的活动空间。人类已经不再满足于陆地、海洋和大气层内的探索，摆脱地球引力迈入更为遥远的外层空间成为人类征服自然的一个重要目标。1957 年 10 月 4 日，苏联第一颗人造卫星进入地球轨道，标志着外层空间探索时代的到来，人类文明史掀开新的一页。在科学技术角度上，研究太阳系、银河系乃至整个宇宙的起源、演变、现状和趋势，探索和研究宇宙空间物理、化学和生物现象，建立新科学理论和创造新技术，为人类保护地球、进入外太空、开辟新家园提供科学技术手段；在国家战略角度上，开辟新的领土空间，发现、占有和利用各种空间资源，占据有利空间位置，从而为国家安全建立行之有效的保护机制；在政治层面上，显示国家科技水平，提高民族凝聚力，扩大国家影响力，充分显示出国家的综合实力。综上所述，宇宙空间探索的意义十分重要[1]。

　　空间探索一直是世界强国科学计划的重点内容。在国外，美国和俄罗斯占据空间探索技术领头羊的地位。2012 年 9 月，美国"黎明号"探测器相继执行"灶神星"和"谷神星"的考察；2012 年，俄罗斯"联盟号"飞船完成了四次载人运输服务，并积极研发超重型火箭以备远距离空间探索[2]。在我国，1956 年 2 月，著名科学家钱学森向中央提交了《建立我国国防航空工业的意见书》，标志中国的空间探索正式开始，"十二五"规划中制订了富有挑战性的航天计划，包括进行月球载人探测、火星探测和深空探测等；2010 年 10 月，成功发射月球探测卫星——"嫦娥二号";2012 年 6 月 16 日,在载人交会对接任务中通过"神舟九号"对 3 名航天员实施太空行走[3]。上述空间探索实现了中华民族的千年奔月梦想,开启了中国人探索深空宇宙奥秘的时代,标志着我国已经进入具有深空探测能力的世界宇航强国行列。未来,美国和俄罗斯把冲出太阳系作为空间探索的下一个目标,我国也制订了建立一个永久性空间站的雄心勃勃的航天计划[4]。因此,在不远的将来,宇宙空间的人类活动将更加频繁,针对空间探索的科学技术研究也会变得越来越重要[5]。

深空探测科考、空间载人航天和人造卫星研发并列为 21 世纪人类三大航空航天活动,是空间研究重要的组成部分,包括月球探测、太阳系内行星探测、巨行星及其卫星的探测、小行星与彗星的探测[6]。鉴于深空探测实体与地球距离极其遥远,被探测空间环境不适于人类生存,而且运输成本高昂,迫使深空探测的工作模式成为:通过深空飞行器将探测器投放在被探测区域,地球表面的控制中心遥控指挥深空飞行器或探测器工作,探测器将探知数据通过无线传输的方式传送回地面控制中心[7]。基于该模式,空间通信技术[8]和空间飞行技术是深空探索研究的两大基础内容。深空探测必须建立空间通信系统,它是人类与深空探测器联系的唯一途径和纽带,在深空探测中起着至关重要的作用。

根据国际电信联盟(International Telecommunications Union,ITU)的规定,以空间飞行实体为通信对象的无线电通信称为空间通信或宇宙通信(Space Communications,SC)[9]。它有 3 种表现形式:地球测控站点与空间实体之间的通信;空间实体间的通信;卫星通信。根据通信实体之间的传输距离,空间通信分为近空通信(Near Space Communications,NSC)[10]与深空通信(Deep Space Communications,DSC)[11,12],如图 1-1 所示。

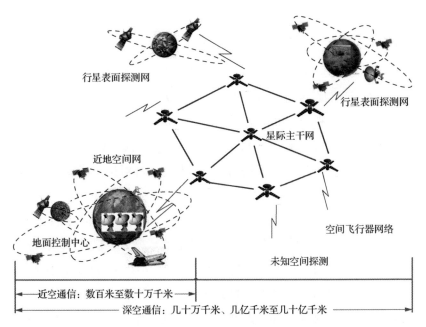

行星表面探测网

行星表面探测网

星际主干网

近地空间网

空间飞行器网络

地面控制中心

未知空间探测

近空通信：数百米至数十万千米

深空通信：几十万千米、几亿千米至几十亿千米

图 1-1 空间通信网络

近空通信是指地球表面实体与地球卫星轨道上飞行器之间的通信。近空实体的轨道高度为数百米至数十万千米，如近地轨道应用卫星、载人飞船和航天飞机等。深空通信通常是指地球表面实体与离开地球卫星轨道进入太阳系的飞行器之间的通信，包括各行星表面的区域通信以及地球与太阳系以外星球间的通信，通信距离达几十万千米、几亿千米至几十亿千米。

研究深空通信，就必须熟悉深空通信的主要特点[13-18]。

（1）距离遥远。深空通信与地面无线网络最显著的区别就是通信传输的距离极远，如图 1-2（a）所示。加之实体的轨道和动态飞行等原因，其距离时刻动态变化。探测木星的"旅行者 1 号"航天探测器1977 年发射，1979 年到达木星，飞行航程达 6.8 亿千米。极远的通信距离对空间通信质量产生了极大的影响，也阻碍了实时人工维护操作。

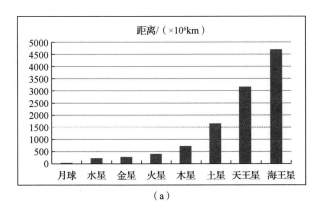

（a）

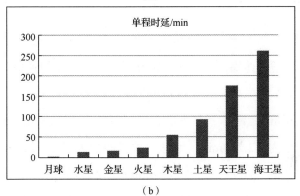

（b）

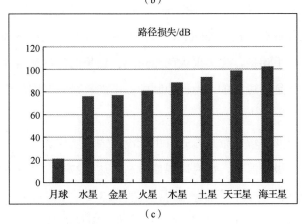

（c）

图 1-2　地球与太阳系星体通信的一些参数（以对地静止轨道为参考点）

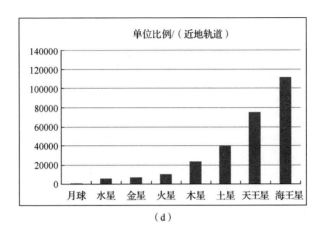

（d）

图 1-2　地球与太阳系星体通信的一些参数（以对地静止轨道为参考点）（续）

（2）长延时传输。深空通信距离遥远，使得无线通信传输时延较长。如图 1-2（b）所示，在不考虑信号受到干扰的情况下，电磁波速度为 3×10^8m/s，地球到月亮的最大时延为 0.0225min，地球到水星的最大时延为 22.294min，地球到木星的最大时延为 53.78min。执行土星任务的"卡西尼号"（Cassini）探测器的单向信号传输时延为 68~84min。而且，即使在每次通信都成功的前提下，使用 TCP（Transmission Control Protocol，传输控制协议）建立地球和最近行星间的三次握手连接，也需要大约 25min。较长的延迟使得建立空间实时通信几乎是不可能的，地面控制中心不能及时对网络环境变化做出快速反应。

（3）空间环境复杂。首先，由于没有大气层保护，太阳光直接照射时会产生极高温度，如月球温度最高可达 127℃。背向太阳光时，温度则极低，如火星的最低温度为-123℃，木星的最低温度为-140℃。其次，空间中存在宇宙射线和各种高能带电粒子，它们对航天器的运行轨道、姿态、表面材料、内部器件及电位等都会产生显著的影响，如单粒子翻转事件[19]。统计研究表明，因空间环境引发的航天器异常比例为40%以上[20]。复杂的空间环境进一步阻碍了人工维护的可行性。

（4）较高误码率数据的传输。电波的传播损耗与距离的平方成正比，通信路径的损耗会因通信实体之间距离的增加而显著增加。深空通信多采用点对点的远距离通信，地面控制中心和飞行器之间通常采用无中继远距离无线电通信，由于路途遥远导致了接收信号极其微弱，如图1-2（c）所示增加了信息传输过程中出现差错的概率。目前，深空链路的误码率非常高，通常达到 10^{-1}，而地面 TCP/IP（Transmission Control Protocol/Internet Protocol，传输控制协议/网际协议）能够容忍的误码率仅为 10^{-5}，因此多跳深空通信网络的提出对提高深空通信质量具有显著意义。

（5）间断连接链路。深空通信中的通信实体处于运动状态，包括飞越、绕飞和硬/软着陆考察几种方式，同时由于地球和被测星体的自转、公转，探测器本身也是运动的，使得通信信道有中断的可能。例如，当行星探测器处于被考察的行星表面时，该行星的自转使得行星探测器处于阴影处或行星背面，或者由于太阳风等高能电子的干扰，使得该探测器与地面控制中心的通信可能面临着中断的危险。间歇性的深空链路破坏了网络协议的正常运行，并使得网络状态不可预测。间断连接链路进一步恶化了深空通信性能。

（6）非对称信道带宽。深空通信的特点决定了深空带宽的特点。深空通信信道的上行链路主要传输地面控制中心的指令和必要配置参数，而下行链路主要传输探测数据，因此下行链路数据的信息量较大。为了提高带宽的利用率，通常上行链路的带宽性能比下行链路的带宽性能要窄1～2个数量级。例如，"卡西尼号"探测器的上行链路带宽为 1kbit/s，而下行链路的最大带宽可达 166kbit/s。因此通过地面控制中心发送数据将会消耗本已不富裕的带宽资源。

（7）无严格限制频段。由于深空实体通信距离远且发射功率受限于能量水平，接收信号功率微弱，对其他设备干扰小，因而深空通信传输频道的频段没有受到严格限制，频段为超长波到毫米波和激光[21]。例如："嫦娥"卫星采用 S 频段进行月球与地球的通信；美国火星探测器通信系统采用 X 频段进行火星与地球的通信，其中，下行频段为 8.439GHz，上行频段为 7.183GHz。

（8）异构通信实体。深空通信网络可能包括的通信实体有地面控制中心、飞行的航天器、空间站、卫星、低速和高速临空器和行星表面探测器，这些通信实体具有不同的硬件能力。地面控制中心具有性能最强的处理器、大容量的高速存储器、性能优异的大尺寸天线、可持续的稳定电源和及时的人工干预。空间飞行器和轨道卫星具有一定的空间体积和存储容量，使用具有蓄电能力的太阳能电池或核电池，中央处理器能够执行较为复杂的运算，可接收周期内的人工维护信息。行星表面探测器使用太阳能电池或一次性锂电池提供能量，由于体积和重量的限制，处理器能力较弱，天线尺寸小，存储器容量也较低，无后期人工维护。一般来说，对空间实体的硬件设备要求是体积小、重量轻、功耗小、高可靠性和较长寿命，能在恶劣环境下工作；对地面站设备的要求是发射功率大、接收灵敏度高、能快速实时处理信息。通信实体的异构性使得通信协议需要满足多种不同层次的空间实体的特点。

（9）高昂的成本。将通信实体发送到宇宙空间，并维持其运行需要花费巨大的资金和人力成本。例如，美国"大力神Ⅳ"运载火箭的发射成本高达 3.5 亿美元，一颗通信卫星的价格也在 1 亿美元左右。

因此，降低空间探测失败概率，提供高可靠性的通信服务具有十分重要的现实意义。

（10）稀疏的通信网络规模。从技术角度看，长距离和长延时限制现有技术支撑规模较大的深空通信网络；从成本角度看，规模较大的通信网络必将耗费更多的资金和人力。因此，深空通信网络规模较为稀疏，具有较小的网络半径和传输跳数。

（11）动态网络拓扑结构。空间网络的拓扑结构较为特殊，既有空间位置较为固定的地面控制中心，围绕轨道运行的卫星或飞行器，也有在行星表面随机移动的探测器。各星体的近地轨道的不同如图 1-2（d）所示，导致飞行规律不同飞行状态也是多种多样的，既有高速飞行的宇航飞机、相对轨道静止的卫星，也有缓慢移动的行星表面探测器。而且由于间断连通和高不可靠性，空间实体的状态无法及时准确预测。

鉴于上述深空通信的特点，在深空实体和地面控制中心之间直接建立可靠通信链路的难度较大。因此，希望能够像地面互联网一样，通过建立深空实体和地面控制中心之间多跳的通信方式，从而避免因连接失败而导致的通信中断[22]。从这一点出发，空间数据系统咨询委员会（Consultative Committee for Space Data Systems，CCSDS）从 20 世纪 90 年代开始进行深空网络的研究，其目的是建立若干行星附近的近空网络，并通过星际主干网络将这些近空网络连接起来，提高深空网络的通信效率[23,24]。

深空网络离不开网络协议的支持，从空间网络协议体系结构的研究和应用情况来看，深空通信网络协议体系结构主要包括 4 个研究方向[25-27]。

（1）基于 CCSDS 的空间协议结构[28]。例如，空间通信协议规范（Space Communications Protocol Specification，SCPS）[29-32]于 1999 年由 CCSDS 制定，它是根据空间传输特性和未来航天任务需求量身定制的协议。该协议面向空间网络实体硬件和网络环境特点，协议性能较好且体系完善，但是它不能与地面互联网直接连接，设计成本高昂。

（2）基于 TCP/IP 的空间协议结构[33]。例如，类互联网的空间协议（Operating Mission as Nodes on the Internet，OMNI）利用成熟的地面 TCP/IP 协议，为空间网络提供空间网络和地面无线网络的整合、寻址能力，可靠端到端、网络应用等服务，保证用户与空间实体之间建立可靠的连接。其优点是设计成本较小，但是空间环境与地面环境的巨大差距使得该协议难以适应空间环境，如较长的延时不能适用于端到端的传输协议。

（3）结合 CCSDS 与 TCP/IP 的空间协议结构。例如，下一代空间互联网协议（Next Generation Space Internet，NGSI）项目[34]于 2000 年 10 月在美国喷气推进实验室启动。它通过将 CCSDS 协议结构与空间 IP 协议结构相结合，保证空间网络和地面无线网络进行互联。在网络层使用 IP 协议及其扩展技术，其他层次使用 CCSDS 提供的协议。该方案具有较为灵活的协议配置能力，结合了 TCP/IP 协议传输优势和 CCSDS 物理特性。但是它没有从根本上消除空间 IP 协议体系和当前 CCSDS 协议体系在深空通信中的固有缺陷，TCP 协议的可靠端到端传输仍然不能满足长延时的深空通信需要。

（4）基于延迟/容忍网络的空间协议结构[35,36]。2003 年，美国喷气推进实验室在星际互联网络（Inter Planetary Internet，IPN）研究组的基础之上组建了延迟/容忍网络（Delay/Disruption Tolerant Networks，

DTN）[37]研究组。DTN 能够在长延时、间断连接、非可靠端到端服务等受限网络环境中进行可靠通信，具有面向消息的新型覆盖层网络体系结构。DTN 研究组于 2007 年提出了 DTN 体系结构和聚束协议（Bundle Protocol，BP），即在应用层和传输层之间加入聚束层，如图 1-3 所示；2008 年定义了汇聚层协议，该层将性能异构的多个网络融合为一个网络。可以看出，DTN 的诞生和空间网络有着密切的关系，本质上深空网络是一种 DTN[38]。因此，支持 DTN 的空间协议结构的深空网络称为深空 DTN（Deep Space Delay Tolerant Networks，DSDTN）[39,40]。

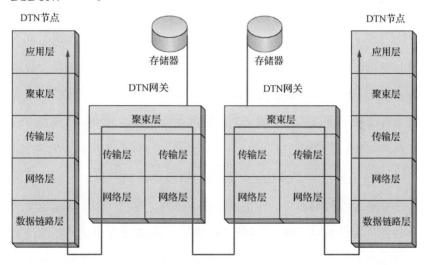

图 1-3　DTN 协议栈结构

以上 4 种协议体系结构相互依存。但是，DTN 协议与其他 3 种协议具有明显的区别：可靠端到端路径在 DTN 中是不成立的；引入聚束层，连接不同受限网络的覆盖层；支持异构网络。上述特性符合深空网络长时延、非可靠端到端链接的特点，因此未来的深空通信是 DTN 的潜在应用之一。DTN 在深空网络中的使用只是给出了一个框架，许多关键技术仍处于开发阶段，目前针对深空 DTN 的关键问题研究包括可靠性问题、拥塞控制问题、存储转发策略问题、路由问题、传输层问题、时间同步问题、安全性问题[41,42]。

深空 DTN 的安全性问题不同于地面无线网络（Ground Wireless Network）。当空间实体出现安全威胁时，难以提供及时的对策、维护和备用装备，对网络实体的可靠性、灵活性和安全性有较高的要求。长延迟、低速率、间断连接和非可靠端到端服务等特点使得深空 DTN 体系结构的安全模型面临的威胁更为严重。具体的表现有：①由于 DTN 无法提供可靠端到端服务，现有的可靠端到端安全协议都难以在 DTN 上实施，如密钥管理中心的密钥分配和证书发放，共享密钥也不能在规定时间内协商，密钥生存周期因时间同步机制的缺失而无法协商；②长延时和无法确定的路径，使得数据包的传输无法预测，这为攻击者提供了更多的攻击机会，对数据包合法性认证和实体接入构成了挑战；③传输时延的机会性和网络资源的有限性，使得转发节点（路由器或网关）也需要被认证，加剧了网络资源的消耗；④由于长延时和非可靠端到端服务，即使发现攻击行为，深空 DTN 可能也无法及时提供有效对策，因此依赖地面控制中心的安全策略是不能满足深空 DTN 安全需要的；⑤安全策略的资源使用问题也是安全设计需要考虑的一个方面，既然深空 DTN 实体是异构的，因此减少能量消耗和网络负载也是十分重要的。深空 DTN 安全技术的主要问题有密钥管理、身份认证、资源使用的访问控制、动态网络安全保护、安全路由机制等。目前，DTN 安全性机制尚未完善且缺乏评估，深空 DTN 的空间传输特点对密钥管理影响是多方面的，如表 1-1 所示。在保证安全性的前提下，减少安全协议交互次数和延时，降低资源消耗是深空 DTN 安全策略的主要效率目标，其中减少安全协议执行的延时是第一优化目标。

表 1-1　深空 DTN 的空间传输特点对密钥管理的影响

深空 DTN 的特点	对密钥管理的影响	深空 DTN 的特点	对密钥管理的影响
距离遥远	人工干预维护	非对称信道带宽	网络负载开销
长延时传输	密钥管理延时	异构通信实体	密钥管理硬件性能
空间环境复杂	可靠安全信道	成本高昂	密钥管理的可靠性
较高误码率数据的传输	信道利用率	网络规模稀疏	计算复杂度
间断连接链路	密钥协商同步机制	动态网络拓扑结构	动态密钥操作

NASA 空间通信网络的发展目标是在太阳系内建立多跳深空通信网络，使得空间用户可以随时随地接入网络，建立可靠通信连接。未来的深空 DTN 将覆盖整个可探测的宇宙空间，包括地面监控网络、地球轨道卫星网络、行星际主干网络、行星轨道卫星网络和行星表面探测网络等。由于整个网络面临的空间环境不一样，每个子网使用的网络协议不同，并且具有不同的硬件结构，因此将这些异构网络融合为一个网络并为人类提供有效的通信服务成为一个挑战。未来的深空 DTN 将是一种通用的、面向消息的、支持异构的、可靠的体系结构，用于连接长延时、低数据传输率、间断连接的深空网络通信。本书的理论和应用研究将为我国未来深空通信网络的安全可靠信息传输的挑战性难题提供可行的理论基础和有效的解决途径。

1.2　研究内容及主要创新点

本书以国家自然科学基金项目"空间信息网络安全关键技术（No. 61170014）"为基础，以国家自然科学基金项目"基于容迟与容断网络的安全路由协议研究（No.60903004）"与教育部重大科技项目"基于智慧的下一代网络关键技术研究（No.311007）"为支撑，研究深空 DTN 的密钥管理的理论、技术和方法等关键问题，解决深空 DTN 的安全问题，为未来深空无线网络基础理论与实际应用技术提供新思路、新理论和新技术。本书将从基于自主的深空 DTN 安全体系结构、密钥管理、身份认证 3 个方面展开研究。本书的结构如图 1-4 所示。

自主星上处理能力是未来深空 DTN 的发展方向[43-46]。深空 DTN 成员无须地面控制中心支持即可在本地根据上下文情景支持自主的网络服务，解决长延时、长距离和复杂空间环境下的空间实体的管理维护问题[47,48]，具有本地维护、网络环境快速灵活反应、减少人工干预和提高管理效率的优势[49]。基于该思想，针对深空 DTN 长延时和非可靠端到端服务的问题，设计基于自主的深空 DTN 密钥管理方案，网络实体拥有在非可靠端到端服务和长延时下本地自主的执行密钥管理服务的能力，具有减少密钥协商和更新延时、降低地面密钥管理中心依赖、无须同步机制，以及提高深空 DTN 密钥管理灵活性、可扩展性、可靠性和容忍失败的能力。

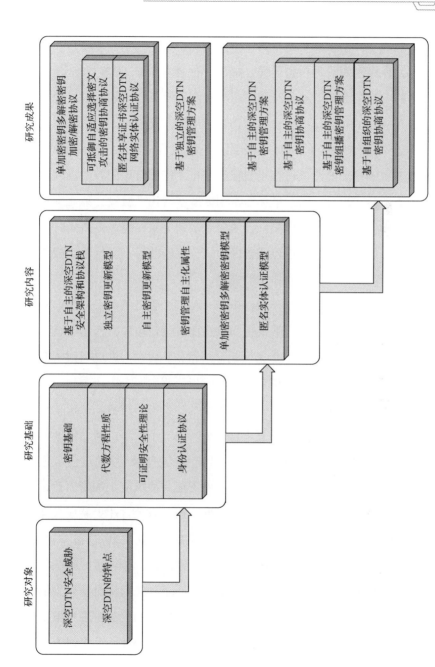

图 1-4 本书的结构

本书的主要创新点可概括为以下 4 点。

（1）针对密钥管理模型研究，提出一种自主深空 DTN 安全体系结构。针对深空 DTN 长延时和非可靠端到端服务的问题，设计基于自主的深空 DTN 协议栈和自主密钥管理结构；提出基于自主的深空 DTN 安全体系结构的 4 种属性：自组织、自配置、自优化和自保护；给出自主密钥管理的定义，指出自保护是自主密钥管理的核心属性。从密钥更新模式出发，基于单加密密钥多解密密钥性质设计独立密钥更新模型和自主密钥更新模型，证明自主密钥更新模型在更新延时方面具有更好的性能，具有在保证自保护安全性的前提下支持本地成员对私有密钥的注册、更新和撤销的能力。

（2）针对独立密钥更新模型，提出一种基于独立的深空 DTN 密钥管理方案。该方案通过门限密钥和双线性对设计单加密密钥多解密密钥加密/解密算法，具有单加密密钥多解密密钥性质，通过门限密钥的共享秘密乘积机制将一个密钥碎片进一步分解为两个因子乘积，其中一个因子作为解密密钥，另一个因子作为加密密钥材料。在密钥更新中，成员私有的解密密钥不变，只需更新另一个因子，从而保证密钥更新的前向和后向安全性。当攻击者破解的密钥碎片超过门限值时，只能恢复主加密密钥的一个因子，而不能完整恢复主加密密钥，具有抗合谋攻击，满足密钥独立性的特性。在效率上，非更新成员保持私有解密密钥不变，因此非更新成员无须参与密钥更新过程，减少了密钥更新延时，降低了整个网络的计算开销，适合传输延时有限的深空 DTN 组播密钥管理。该方案的提出证明了独立密钥更新模型的可行性，也验证了基于单加密密钥多解密密钥性质的密钥管理方案在密钥更新上具有比基于单加密密钥单解密密钥性质的密钥管理方案更优的性能。

（3）提出一种基于自主的深空 DTN 密钥管理方案，通过多次方程在 DH 协议基础上设计一种具有自主能力的单加密密钥多解密密钥加密/解密协议，方程根为私有解密密钥。方程系数构造唯一的公开加密密钥，拥有任意方程根的成员具有对公开加密密钥加密的信息成功解密的能力，并能在不破坏其他方程根的合法性的前提下本地自主地注册、更新和撤销该解密密钥。基于提出的单加密密钥多解密密钥加密/解密协议设计自主深空 DTN 密钥管理方案，当节点加入或退出时，只需要更新公开加密密钥和自身密钥，其他非更新节点密钥保持不变，使得更新节点在无须密钥管理中心支撑下自主完成密钥更新任务，限定更新范围为单个节点，利于深空 DTN 对密钥的本地化自主管理和维护。该方案的提出赋予了深空 DTN 密钥管理自保护、自组织和自配置的特性，证明了自主密钥更新模型的可行性，验证了基于自主密钥更新模型的密钥管理方案在密钥更新性能上比基于独立的密钥更新模型的密钥管理方案更优。此外设计了两种优化方案。

① 通过单加密密钥多解密密钥加密/解密协议优化逻辑密钥树，利用一个公钥对应多个私钥的性质，减少了加密/解密次数和交互轮数，进而减少更新消息和会话密钥消息，提高群组密钥管理的传输效率，本地成员具有折中更新延时和能量消耗的能力。

② 提出一种基于自组织的深空 DTN 密钥管理方案，基于单加密密钥多解密密钥性质设计非全部成员交互的密钥更新过程，当两个子网合并时，子网成员只需合并另一个子网的公开加密密钥材料就能计算出新的加密密钥；当网络分裂时，成员只需从公开密钥材料中选择部分材料就能计算出新的加密密钥，该特性适合间断连接的深空 DTN 场景。

（4）在具有自主能力的单加密密钥多解密密钥加密/解密协议基础上，给出两种扩展性协议。①提出安全更优的单加密密钥多解密密钥加密/解密协议的安全性，证明协议能抵御自适应选择密文攻击，具有最高的公钥密钥安全性。②在身份认证上，针对半诚实环境中深空网络数据包被自私者丢弃的问题，基于单加密密钥多解密密钥加密/解密协议提出一种匿名共享证书深空 DTN 实体认证协议，验证者只需一份证书就可以对所有合法者进行身份验证。由于验证者只能验证挑战者的身份合法性，而不能通过证书识别挑战者的具体身份和区别任意两个合法身份者，从而提供了身份识别的匿名性保护，支持深空 DTN 的分片数据包和半诚实环境数据包转发的匿名性校验。上述研究进一步证明了建议的单加密密钥多解密密钥加密/解密协议具有自组织和自优化的能力，并具有较高的安全性。

1.3　本书的组织与安排

本书共分为 8 个章节，在分析目前国内外相关研究的基础上，综合密钥学理论和深空 DTN 安全威胁，将上述创新点及其原理逐渐展开论述。本书的组织与安排具体如下。

第 1 章为引言，简要介绍了本书的研究背景和研究意义，阐明了本书的研究出发点、研究内容及主要创新点，最后给出本书的组织与安排。

第 2 章为绪论，首先介绍深空 DTN 面临的安全威胁，以及现有深空 DTN 安全研究方向和研究成果，介绍两种主要的单加密密钥多解密密钥加密/解密协议。总结现有的密钥管理方案，主要从密钥协商性能和密钥更新性能做出性能对比，指出这些方案在深空 DTN 应用中的先天不足之处。

第 3 章研究基于自主的深空 DTN 安全体系结构，说明自主星上处理能力对深空探索的作用、意义和发展趋势。给出自主密钥管理的定义，提出自主深空 DTN 密钥管理的 4 种主要属性，指出自保护属性的核心地位，设计独立密钥更新模型和自主密钥更新模型，证明两种模型满足自保护属性。

第 4 章从独立密钥更新模型出发，提出一种基于独立的深空 DTN 密钥管理方案。研究单加密密钥多解密密钥加密/解密协议，基于门限密钥的共享秘密乘积机制设计密钥更新过程，非更新节点在更新过程中保留更新前私有解密密钥的合法性，具有密钥更新的独立性，提高深空 DTN 密钥更新效率和安全性，证明独立密钥更新模型的可行性。

第 5 章从自主密钥更新模型出发，提出基于自主的深空 DTN 密钥管理方案。更新成员无须密钥管理中心支持，可本地自主地注册、更新和撤销独有解密密钥，非更新成员的密钥满足自保护属性，满足深空 DTN 密钥管理的自主化需要。在此基础上，设计基于自组织的深空 DTN 密钥管理方案和优化组播逻辑密钥树密钥管理方案，支持非交互的快速密钥合并/分裂操作和逻辑密钥树的自主密钥更新过程，具有折中更新延时和能量消耗的特点，使得深空 DTN 群组密钥管理具有自组织、自优化和自配置的优点。

第 6 章提出匿名共享证书深空 DTN 实体认证协议，支持匿名性的合法身份验证，攻击者区别合法身份者的概率与网络规模相关，进一步丰富和扩展了建议的单加密密钥多解密密钥加密/解密协议的应用范围。

第 7 章基于随机预言模型证明建议的单加密密钥多解密密钥加密/解密协议能够抵御自适应选择密文攻击，满足公钥密码学最高安全性。

第 8 章对本书的主要工作和创新性成果进行总结，并展望了在今后的工作中需要继续努力研究的有关问题。

第 2 章

绪　　论

深空 DTN 是一种具有新型体系结构的无线网络，安全问题是它的一个开放问题。长延时、间断连接和资源受限等特点使得目前较为成熟的基于可靠端到端连接的地面网络安全协议无法在深空 DTN 实施。密钥管理、数据保密、完整性校验、身份认证和安全接入等安全策略都需要重新设计。本章首先介绍深空 DTN 面临的安全威胁，然后总结现有的密钥管理方案，最后指出这些方案在深空 DTN 应用中的问题。

2.1　深空 DTN 安全研究现状

针对 DTN 的研究，美国喷气推进实验室专门成立了 DTN 研究组[50]（Delay Tolerant Networking Research Group，DTNRG），研究制定了 DTN 体系结构、DTN 传输的聚束协议[51]和 DTN 安全聚束协议规范[52]。类似 TCP/IP 协议中的 IPSec 协议，在 DTN 安全协议规范中，定义了 BAB、PIB、PCB、ESB 等安全有效载荷字段，如表 2-1 所示。尽管该安全结构定义了 DTN 安全技术的发展方向，但是由于 DTN 结构的复杂性，仅仅通过该安全聚束协议规范是无法得到充分保障的，而且该规范仍然有很多关键问题亟待解决，如实体认证、密钥管理、隐私保护、路由安全、拥塞控制和分片认证等问题。因此，网络安全问题逐渐成为该领域的研究热点[53]。

表 2-1 DTN 安全聚束协议规范字段

字段名称	英文全称	英文简称	内容	作用
身份认证有效载荷	Bundle Authentication Block	BAB	消息认证码和签名	每跳之间的数据完整性和身份认证的合法性校验
完整性有效载荷	Payload Integrity Block	PIB	消息摘要	端到端消息认证和完整性校验
机密性有效载荷	Payload Confidentiality Block	PCB	数据加密/解密	数据的保密性校验
安全扩展有效载荷	Extension Security Block	ESB	未定义扩展字段	方便安全协议的扩展

由于引入了聚束这一独有的协议层，DTN 面临一些特有的安全问题，Farrells 和 H. S. Bindra 等针对这些问题进行了总结[54-56]。在结合深空网络特点的基础上，给出深空 DTN 面临的一些特有的安全问题，如重放攻击、半诚实环境的数据转发、分片攻击、资源耗损、匿名性保护、自私行为和聚束层安全等。对这些深空 DTN 特有的安全问题进行广泛的研究，将会促进深空 DTN 技术的发展。

2.1.1 安全结构

深空 DTN 安全结构的目标是，通过设计身份认证协议、密钥交互/协商协议、消息摘要协议等解决网络资源安全使用、聚束层数据安全传输等问题。目前有两个主要研究方向：聚束层安全结构；基于密钥的安全结构。

1. 聚束层安全结构

基于聚束层的安全攻击是 DTN 独有的安全问题，目前的聚束层安全协议假定的环境与 TCP/IP 协议类似，安全协议建立在稳定的端到端链路、较短的延时和较低的误码率/丢包率基础上。上述前提假设都不符合深空 DTN 安全协议在交互轮数、网络时延、消息开销和同步机制上的要求，造成深空 DTN 安全协议设计的困难性。

2. 基于密钥的安全结构

（1）基于公钥基础设施密钥安全结构（Public Key Infrastructure，PKI）的 DTN 安全体系结构。文献[57]提出针对卫星与传感网络组成异构网络的 DTN 安全框架，支持异构网络环境中多种轻量级密钥管理方案的实施，允许预分配密钥或手工密钥分发的方式，其具有异构适应性、密钥管理简单灵活、信息交互轮数较少的优点。然而在深空 DTN 中建立 PKI 本身就是一件困难的事情。

（2）基于身份密码学（Identity-Based Cryptograph，IBC）的 DTN 安全体系结构[58]。共享密钥及身份证书通过基于身份的密钥体制协商，由于基于身份密钥体制无须密钥材料交互过程，因此可以减少密钥材料协商的延时。但是网络空间实体必须具有唯一可识别的身份标识符，密钥更新必须通过密钥管理中心执行，存在单点失效问题。

（3）基于层次结构身份密码学（Hierarchy Identity-Based Cryptograph，HIBC）的 DTN 安全体系结构。首先通过类似 USB Key 的辅助硬件结构创建一个端到端的安全通道，在基于身份密钥的基础上对网络进行分层，用户从最近域的可信第三方机构申请私钥和公开身份标识符，也可以向顶层的可信第三方机构申请私钥和公开身份标识符，优化了安全管理效率。但是，类似 PKI 的缺陷，USB Key 这样的基础设施是难以在深空网络中建立的。

现有的深空网络安全结构主要依赖地面控制中心提供保护机制，虽然实现简单而且降低了空间实体的资源消耗，但是长延时、预先配置安全信道和不能对网络变化及时反应的缺点使得这种基于地面控制中心的安全结构不能满足日益复杂的深空网络业务需求。

2.1.2　数据完整性和私密性

深空 DTN 的数据完整性和私密性包括两个方面。①传统无线网络安全威胁。长延时和空中暴露的传播方式使得深空 DTN 的信号很容易被窃听和截获。②基于"存储转发"机制的攻击。由于数据在送达目的端前转发路径是无法制定和预测的，因此攻击者有充足的机会分析、篡改、伪造和重发数据，而且即使发现攻击，地面控制中心也难以采取及时有效的安全保护策略。因此，深空 DTN 端到端的数据完整性和私密性保护是十分必要的，通常在加密/解密协议间加密密钥和解密密钥之间一一对应关系限制加密/解密协议的灵活性，因此设计具有足够强度和灵活性的加密/解密协议是该方向的主要研究内容。

2.1.3　身份认证

异构性迫使深空 DTN 需要多种层次的认证，包括实体身份认证、业务认证、数据包认证和分片认证。通过上述认证技术防止非法用户和非法数据侵占和损耗网络有限资源。针对深空网络的认证协议研究主要包括：深空实体的身份认证；数据包和数据分片的合法性认证；匿名性实体认证。

（1）深空实体的身份认证。在身份认证中，防止非法用户通过伪造身份非法接入网络，占据网络资源，干扰网络的正常运行。在业务认证中，防止攻击者利用深空 DTN 的间断连接和中断，发起资源耗损攻击，消耗有限的网络资源。目前基于 PKI 的认证方法[59]难以覆盖全网络，且证书的申请、发放和更新需要与 PKI 多次进行交互。在极端情况下，深空网络实体可能根本就不存在与地面控制中心的可靠端到端服务机会，如卫星或探测器已经运行到行星的背面、太阳风的干扰等。而基于本地单个实体的认证机制在安全性上低于 PKI，很容易遭受攻击，引发单点失效的问题。

（2）数据包和数据分片的合法性认证。深空 DTN 的存储转发机制使得数据包被送达目的端前可能被分成多个数据片，因此需要目的端对数据片进行组装。如果数据片数量较多，耗费时延较长，接收者需要大量的计算和存储开销以恢复完整的数据包，这为攻击者攻击DTN 网络提供了切入点。攻击者通过发送无意义的分片、篡改消息分片信息或故意丢弃分片发起分片攻击，造成目的端资源耗损。所以聚束层的分片机制给消息签名、认证带来了巨大的挑战。

（3）匿名性实体认证。即验证者只能识别挑战者的合法性，而不能识别合法者的身份，匿名性的保护机制有利于深空 DTN 的存储转发机制。存储转发机制使得深空 DTN 的消息在发送到目的端前需要被存储在多个中间节点上，而且这些中间节点事先无法预测，因此深空 DTN 不能保证消息传输路径上的每个中间节点都是安全可信的，即使对每个消息增加安全措施，中间节点也可以违反端到端的安全传输策略，窥探通信实体的身份，选择性地丢弃数据包。深空 DTN 的匿名性保护包括：源节点与目的节点的身份匿名性保护、位置信息匿名性保护、中间转发节点的身份匿名性保护和位置信息匿名性保护、应用服务的匿名性保护、数据包和数据分片的匿名性保护、安全接入的匿名性保护等。由于缺乏 PKI 服务器、可控路由、信息反馈机制和全网拓扑知识等，使得传统的 TCP/IP 匿名通信安全协议无法满足 DTN 的匿名性保护需要。设计适合深空 DTN 的盲签名、群签名和环签名技术可以提供身份的合法性认证而不会暴露实体的具体身份。

设计有效的身份认证机制，对防止非法用户接入和防止半诚实环境下的自私行为，并使得垃圾数据在第一跳时就能被发现并被删除具有十分重要的意义。本地化的合作身份认证机制和建立信任链的身份认证机制是深空 DTN 在保证安全性的基础上提高效率的有效方式，本地多个节点合作颁发证书和节点自主选择可信任的接入节点降低了对地面 PKI 的依赖性。

2.1.4　路由与多播安全

在基于可靠端到端服务的地面无线网络路由设计中，路由安全保护依赖安全管理服务中心或较短延时的反馈机制检测、防止和排除非法中间转发节点。为了解决深空网络拓扑变化剧烈和机会路由问题，基于策略的深空 DTN 路由被提出，中间节点在收到转发消息后，根据自身的网络状态，自主地决定使用何种路由策略，因此在数据发送之前，源节点无法建立和预测一条由源节点到目的节点的准确传输路径。虽然路由策略灵活，但是路由的安全性非常难以保证。例如，为了防止路由虫洞攻击和资源耗损攻击，路由转发的中间节点需要身份认证机制确认合法性；由于无法确定路由，因此每一跳之前都实施身份认证，不仅认证接收端的合法性，也认证下一跳节点的身份合法性，从而拒绝非法数据的转发和拒绝将合法数据转发给非法成员。假设每个转发节点都作为身份认证的服务器，证书的发放和验证不仅大量耗费有限的网络资源，而且增加传输时延，降低网络传输性能。因此对该方向的研究也是目前 DTN 安全的研究热点之一。

2.1.5　密钥管理

密钥管理（Key Management，KM）是深空 DTN 安全问题的基础内容，与身份认证存在同样的问题。目前，主要研究集中于 DTN 密钥管理和空间近地轨道卫星网络的密钥管理。

针对深空网络的密钥管理研究主要集中在卫星网络[60-62]。例如，文献[63,64]在逻辑密钥层次（Logical Key Hierarchy，LKH）[107]方案的基础上根据卫星网络的拓扑特点进行优化，但仍需密钥管理中心（Key Management Center，KMC）负责密钥管理任务；文献[65]对卫星网络采用分层分簇，减少密钥更新开销；文献[66]针对近地空间网络使用基于身份的密钥协议消除对证书的依赖，并使用分簇技术提高更新效率；文献[64]结合 LKH 和群迪菲赫尔曼（Group Diffie Hellman，GDH）[67]方案来提高卫星网络的带宽利用率。上述密钥管理方案适合延时较短的地面与卫星间的通信网络，KMC 能够提供实时密钥管理服务，因此该类方案不适合非可靠端到端服务、长延时、间断连接的深空 DTN 密钥管理任务需要。

DTN 密钥管理主要集中于密钥材料的发送和共享密钥的协商，其应用场景大多针对地面无线机会网络。例如，文献[68]提出利用基于层次性密码系统（Hierarchical Id-Based Cryptography，HIBC）构造 DTN 安全通信的方法，利用车载 DTN 路由模块节点与个人数字助理（Personal Digital Assistant，PDA）的 DTN 模块节点的短暂机会相遇进行相互认证；文献[69]提出了基于 IBC 的匿名认证方案，解决以发展中国家的偏远农村的网络接入和节点规模稀疏为背景下的 DTN 安全问题；文献[70]对偏远农村上网问题进行了进一步的安全性分析，提出了一个上网亭安全架构；文献[71]针对 DTN 初始密钥材料协商难题，提出了利用社会关系来实现 DTN 传输数据的保密认证方案，通过真实社会网的数据对提出的方案进行了验证。上述方案都是建立在特殊网络部署结构上的，都存在一个潜在的可靠端到端服务，如可靠的长途汽车、便携式的 PDA 等，这种潜在的可靠端到端服务在深空 DTN 中不存在，因此上述方案是无法应用于深空 DTN 的。

目前的密钥管理方案很难满足深空 DTN 部署的密钥管理需要，有时需要借助深空 DTN 部署特点去设计特定的密钥管理方案。综上所述，目前深空 DTN 安全研究与地面无线网络安全研究具有较大的差距，将地面无线网络安全方案直接应用于深空 DTN 是不恰当的。

2.2　群组密钥管理研究现状

群组密钥管理（Group Key Management，GKM）是密钥管理中的重要研究内容，针对单播/组播安全通信在一群成员中实施密钥的生成、协商、分发、更新和撤销称为群组密钥管理[72]。群组密钥思想源于 1982 年 INGEMARSSON 的论文[73]，由群密钥管理协议（Group Key Management Protocol，GKMP）RFC2093 和 RFC2094 给出定义[74,75]。群组密钥管理的主要内容包括密钥协商、加密/解密机制和密钥更新。群组密钥管理建立在密钥交互协议（Key Agreement Protocol，KAP）和密钥分发协议（Key Distribution Protocol，KDP）基础之上。由于 KDP 协议中节点能力较弱，密钥管理由密钥管理中心负责，不适合分布式的群组密钥管理，同此，下文主要讨论 KAP 类方案。

2.2.1 密钥交互协议

密钥交互协议是群组密钥管理的重要基础内容[76,77]，是为解决无可信中心支持的对等网络共享密钥生成的一种协议，该协议能为通信方建立安全保密信道[78,79]。在协议中，参与者身份是对等的、信道是公开的，在协议运行中所有参与者都必须提供密钥协商材料。由于密钥交互协议的网络模型特别符合无线分布式网络，因此随着无线网络的广泛应用，密钥交互协议得到了越来越多的重视。现有的密钥交互协议分为两方密钥交互协议和多方密钥交互协议。前者包括 Diffie-Hellman Key Agreement[80]、Station to Station Protocol[81]、MTI Key Agreement[82]、MQV Key Agreement[83]、JKL Key Agreement[84]、Smart's Key Agreement[85]、Scott's Key Agreement[86]、CK Key Agreement[87]、MB Key Agreement[88]、Joux Key Agreement[89]、ZLK Key Agreement[90]等。后者包括两种形式：一种是静态多方密钥交互协议，主要有 ITW Group Key Agreement[73]、BD Group Key Agreement[91]、

STW Group Key Agreement（GDH.1、GDH.2、GDH.3）[92]、Octopus Protocol[93]、Cube Protocol[93]、BN Group Key Agreement[94]、BC Group Key Agreement[95]等；另一种是动态多方密钥交互协议，主要有 BCP Group Key Agreement[96]、BCEP Group Key Agreement[97]、NKW Group Key Agreement[98]、KLL Group Key Agreement[83]等。然而上述协议的网络模型都有一个前提，节点间的信道属性相同，支持同步机制，而且协商路径能够保证端到端可靠传输服务和较短延时。这些前提造成现有密钥交互协议在深空 DTN 应用的先天缺陷。

2.2.2　群组密钥操作

　　群组的动态性影响群组密钥的安全性[99]。当密钥的生存周期结束或发现密钥材料妥协，以及为了防止加入节点和退出节点的恶意行为时，群组密钥管理设计了 4 种群组密钥操作保护网络密钥的安全性，如图 2-1 所示。4 种群组密钥操作的分类依据是能否形成物理连接和网络规模[100]。

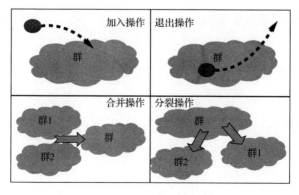

图 2-1　4 种群组密钥操作

（1）密钥加入操作（Joining Rekeying Operation），简称加入操作，是指单个新成员加入网络，网络将加入前的密钥撤销，并重新为加入后的所有成员计算新密钥。

（2）密钥退出操作（Leaving Rekeying Operation），简称退出操作，是指单个成员退出网络，网络将退出前的密钥撤销，并重新为剩余成员计算新密钥。

（3）密钥合并操作（Merging Rekeying Operation），简称合并操作，是指两个网络合并为一个物理连接的网络，网络将合并前的密钥撤销，并重新为合并后的所有成员计算新密钥。

（4）密钥分裂操作（Splitting Rekeying Operation），简称分裂操作，是指一个网络分裂为两个物理不连接的网络，两个网络将分裂前的密钥撤销，并重新为分裂后的各自网络成员独立地计算新密钥。

4 种群组密钥操作都会引发密钥更新，是动态群组密钥管理的重要内容。其中，密钥加入操作是密钥合并操作的特殊形式，密钥退出操作是密钥分裂操作的特殊形式，因为合并或加入的子网规模为 1。

2.2.3　密钥管理性能指标

群组密钥管理的性能指标[101,102]分为效率指标和安全性指标两大类。

1. 效率指标

效率指标主要包括以下几个。

（1）交互轮数（Round），是指在密钥交互协议中，群组成员为协商共享密钥交互的次数。在网络通信延时较长的情况下，减少轮数能够降低密钥管理延时，是 KAP 性能的一个重要指标。通常降低交互轮数与网络规模之间的关联程度，甚至设计常数轮的密钥交互协议，对提高 KAP 效率具有重要的意义。

（2）计算开销（Computation Cost），是指在执行密钥管理中网络实体需要执行的计算总量。在分布式密钥管理中通常统计最费能源消耗的算法或算术操作的次数，如对称加密/解密算法、模指数运算、双线性对倍加/倍乘运算、门限协议执行的次数和规模、哈希函数等，如果成员的计算消耗不同，则以计算开销最大节点的开销作为方案的计算开销。在非分布式密钥管理方案中统计所有成员的计算总量。一般来说，较高计算复杂度的密钥协议具有较高的安全性，但同时也具有较长延时和较高能量消耗。计算开销不仅受限于能量水平，也依赖于硬件的能力。因此，在能量受限的网络中计算开销受到严格的限制。

（3）消息开销（Message Cost），是指协议执行过程中所传送消息的总次数。同轮数一样，消息开销越高对网络延时影响越大。但是消息不同于交互轮数，轮数通常指成员共同完成某项工作执行的交互步骤，多用于分布式密钥交互协议的共享密钥协商效率分析，而消息开销主要是指发送消息次数最大节点的消息开销，多用于密钥更新中，更新消息的发送次数越少，更新效率越高。

（4）带宽开销（Network Lord），是指在协议执行过程中单个成员传送的消息比特数的最大值。带宽开销与消息开销和密钥体积相关，带宽开销越大对带宽的要求越高，不仅增加网络负担，而且间接地增加传输延时。降低消息开销是提高带宽利用率的一个重要方法。

（5）更新规模（Rekeying Scale），也称 1 对 N 性质（1-affects-N），是指密钥更新过程所涉及的网络规模。在动态网络中，成员离开或加入可能引发其他节点参与执行密钥更新操作，密钥更新的范围可能涉及多个节点，最差的情况是密钥更新所涉及的网络规模为整个网络。在密钥更新中，加入或退出的成员称为更新成员，非加入和退出节点称为非更新节点，参与密钥更新的非更新节点的规模越大，消耗的网络资源越多，低密钥管理性能越低。因此，降低密钥更新规模是一个非常重要的问题。提高该指标性能，不仅能显著降低其他开销，提高网络资源利用率，而且支持网络的可扩展性和稳定性。

（6）存储开销（Storage Cost）。对于大型动态群组通信系统，其所需存储的密钥数量也是研究人员必须考虑的问题。在满足系统要求的同时，整个群组密钥管理系统使用的密钥数量必须尽量少。这是因为加密算法的安全性完全依赖于密钥，密钥量的增加增大了系统的不安全因素，而且也消耗网络的硬件资源，增加管理复杂度。

（7）同步机制（Synchronization Mechanism），是指保证协议的参与者在同一时刻或某个时间段内生成、协商、注册、更新或撤销密钥。每个密钥都有其生命周期，群组密钥管理需要群成员在较短的时间内同步协商共享密钥，减少安全通信延时。当密钥使用时间超过生命周期时，保证群成员能及时同步撤销密钥，防止该密钥加密信息的泄露。同步机制是地面无线网络密钥管理的一个非常重要的前提条件，能简化密钥管理方案设计复杂度。

（8）稳定性（Stability），或者称为协议的可提供性，即单个节点或部分节点的毁损并不影响密钥管理的可用性。协议执行过程中，协议能够发现哪些成员不能参与协议，即如果发生节点损坏或被攻击，协议能够将该成员排除，并能继续执行，直至完成。具有该性质的协议具有较好的稳定性，如门限密钥，能够容忍部分成员的妥协和损毁，少于门限值数量的节点损毁并不会阻止密钥协议的成功执行。稳定性有利于动态网络的密钥管理。

（9）可扩展性（Scalability），该指标主要考核动态网络中网络规模减小和扩张时的性能。该指标与更新规模具有密切相关性，具有较小更新规模的密钥管理方案具有较好的可扩展性。当网络发生合并或分裂时，网络性能不会因为规模变化剧烈而显著下降。可扩展性也指密钥管理在满足安全性的前提下，以较小网络资源消耗和较短延时完成密钥更新。可扩展性需要综合考虑网络的特殊应用背景。

2. 安全性指标

根据攻击模型和攻击者能力，密钥管理的安全性指标主要包括两个方面：加密/解密协议的安全性和动态群组密钥更新的安全性。加密/解密协议的安全性主要包括以下几个指标。

（1）解密正确性（Correctness）。合法解密者使用正确的解密密钥能够对该解密密钥对应的加密密钥加密的密文正确解密；反之非法用户的非法解密密钥不能对该解密密钥对应的加密密钥加密的密文成功解密。解密正确性是加密/解密协议安全性的基本指标。

（2）被动安全（Passive Security）。由于无线通信信道暴露在空中，攻击者很容易截获被加密的信息，因此防止攻击者从公开信道中窃听数据和破解密文是被动安全研究的主要任务。被动安全防御的主要目的是防止攻击者通过信道公开的密文恢复明文或加密密钥。被动安全依赖加密密钥的强度，也是加密/解密协议安全性的基本指标。

（3）主动安全（Active Security）。防止恶意攻击者冒充合法用户的身份，以窃听、插入、删除、替换和重放信道上的数据等主动攻击方式破坏安全通信。根据攻击者的能力分为选择明文攻击（Chosen

Plaintext Attack，CPA）、选择密文攻击（Chosen Ciphertext Attack，CCA）、自适应选择密文攻击（Adaptive Chosen Ciphertext Attack，CCA2）。其中 CCA 的安全性高于 CPA，而 CCA2 的安全性高于 CCA，因此证明 CCA2 的安全性就等于间接证明 CCA 和 CPA 的安全性，CCA2 是公钥密码学安全的最高安全属性。主动安全性是公开密钥加密/解密算法的核心安全性指标。

（4）内部攻击安全（Internal Attack security）。攻击者可以盗取或收买合法成员的私有数据，如用户长期密钥，并在此基础上做进一步的分析，他们被称为内部攻击者。显然内部攻击能力比被动攻击和主动攻击更强。内部攻击安全是密钥管理安全性的一个有益补充。

（5）合谋攻击安全（Collusion Attack security），是指网络中多个成员合作破解密文或密钥。例如，在动态网络中，当多个加入或退出成员利用妥协密钥材料合作攻击更新后或更新前的密文。合谋攻击也指使用门限密钥协议的密钥管理方案，当攻击者获取的密钥碎片超过规定阈值时，攻击者就能成功攻击该协议。如果攻击者是部分或全部合法成员，则合谋攻击是内部攻击的一种。

动态群组密钥更新的安全性指标[103]，用于衡量当节点状态、拓扑结构发生变化，群组密钥更新能够保证新密钥不会泄露给恶意攻击者，主要包括以下几个指标。

（1）群组密钥管理协议（Group Key Management Protocol，GKMP）的正确性。群组通信的安全性依赖于群组密钥管理的安全性，所以在设计群组密钥管理协议时，必须保证协议的正确性，即诚实成员执行协议完毕后，能够得到所要的正确结果。群组密钥管理协议的正确性是加密/解密协议安全性的进一步扩充，是群组密钥管理安全的基本指标。

（2）前向安全性（Forward Security，FS）。当节点离开网络后，网络更新群组密钥，并保证离开节点不能获取更新后的密钥。动态群组密钥管理中，前向安全性是必需的。

（3）后向安全性（Backward Security，BS）。当节点加入网络后，网络更新群组密钥，并保证加入节点不能获取更新前的密钥。动态群组密钥管理中，后向安全性是可选择的。

（4）密钥独立性（Key Independence，KI）。更新前的密钥与更新后的密钥不存在相关性，即保证攻击者不能从前一时刻的密钥推导出后一时刻的密钥。具有密钥独立性的群组密钥管理方案比不具有该性质的群组密钥管理方案的安全性更强。

前向安全性、后向安全性和密钥独立性组成动态群组密钥管理安全性最重要的 3 个方面。

目前，地面无线网络的密钥管理技术较为成熟，因此现有空间网络的密钥管理大多借鉴地面无线网络的密钥管理技术展开研究。

2.2.4　集中式密钥管理

根据节点在密钥管理中的身份和承担的角色，地面无线网络密钥管理方案分为集中式密钥管理、非集中式密钥管理和分布式密钥管理。集中式密钥管理（Centralized Group Key Management，CGKM）方案的最主要特点是网络中存在能力明显优于其他成员的实体，如密钥管理中心或密钥分发中心（Key Generate Center，KGC），它们负责全网络成员的密钥生成、注册、组织、分配、更新和撤销等，承担全部或大部分密钥计算开销和存储开销，成员被动接收密钥材料，成员的所有信息对 KMC 或 KGC 都是可视的。集中式密钥管理根据 KMC

或 KGC 在密钥管理中存在的时间分为两种模式：在线式 KMC，KMC 在密钥管理中始终存在，KMC 能对成员的请求做出及时的反应；离线式 KMC，KMC 只承担密钥管理的初始化工作，当网络成员加入网络后，节点不能从 KMC 获取任何支持，因此离线式 KMC 的密钥管理能力是有限的，如图 2-2 所示。

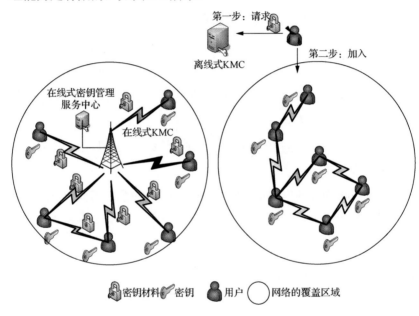

图 2-2　集中式密钥管理的两种模式

对偶密钥管理（Pairing Keys Key Management，PKKM）方案的原理是全网络成员预先从 KGC 获取共享的密钥加密密钥（Key Encryption Keys，KEK），节点利用该密钥和其一跳邻居节点协商会话密钥（Session Key，SK）。文献[73,74]提出一种基于群组密钥包（Group Key Packet，GKP）的对偶密钥管理方案，它包含 KEK 和 SK，每个成员的 KEK 不同，网络成员加入前获得 KEK，当有新成员加入网络时，KMC 使用加入成员的 KEK 加密更新的 SK，使用其他成员的

KEK 加密更新的 SK，将其发送给网络内的所有成员；当有成员离开时，KMC 使用留下成员的 KEK 加密更新的 SK，该方案能够保证网络的前向和后向安全性，但是由于 KMC 和每个成员之间都必须建立安全信道，因此更新消息的开销为 n。文献[104]提出了一种基于对偶密钥的组播密钥管理方案，KMC 首先为每个成员选择一个随机数 k，加密组播消息 m，然后通过预先分配的 KEK 加密随机数 k，接收者依次使用 KEK 和 k 解密得到 m，组播消息的发起者为 KMC，发送消息的开销为 n。

文献[105,106]解决了群组密钥可扩展性问题，提出逻辑密钥树 LKH 方案。如图 2-3 所示，在 LKH 中，所有密钥在逻辑结构上映射为密钥树，树中节点对应密钥，树中叶子节点对应群成员，群成员具有从叶子节点到树根的路径上的 KEK，树中根节点是传输加密密钥（Traffic Encryption Key，TEK），每个成员存储 $\log_2(n+1)$ 个密钥，密钥更新的消息数量从 n 减少为 $\log_2(n+1)$。当节点 u_5 离开时，密钥服务器（Key Server，KS）更新密钥 k_{56}，KS 使用 k_6 更新节点 u_6 的 k_{56}，KS 使用 k_{56} 更新节点 u_6 的 TEK，KS 使用 k_{1234} 更新其余节点的 TEK，发送的消息量为 3 个，小于群组密钥管理（Group Key Management Protocol，GKMP）的消息量。针对此方案的系列优化方案被提出：文献[106]建议了一个 LKH 的扩展方案，将密钥树从二叉树变为 k 叉树，通过提高树的节点度减少树的深度，性能分析结果显示节点度的大小为 4 时，达到最优。文献[107,108]提出了 LKH 的改进方案单向函数树（One-way Function Trees，OFT），将密钥更新的消息数量从 $2\log_2 N$ 减少为 $\log_2 N$，其中 KEK 的计算不是从 KS 中得到，而是群成员利用单向函数 $f(\cdot)$、$g(\cdot)$ 和左右孩子的 KEK 计算得到 $k_i = f(g(k_{\text{left}(i)}),$

$g(k_{\text{right}(i)})$。文献[109]中使用伪随机数发生器产生 KEK，进一步提高了计算效率。

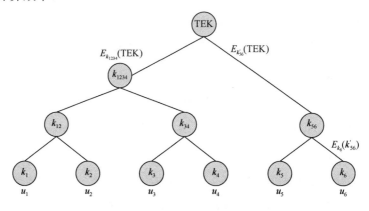

图 2-3　LKH 方案

文献[110]提出了安全锁协议（Security Locks Protocol，SLP），当有节点离开网络时，KMC 利用中国剩余定理（如图 2-4 所示）只需要一次广播协议就可以建立新 KEK。如图 2-5 所示，安全锁协议算法减少了交互次数和消息量，增加了计算复杂度，具有单加密密钥多解密密钥的性质，但是存在单点失效问题。

$$
\begin{aligned}
M &= K_1(\bmod m_1) \\
&\vdots \\
M &= K_i(\bmod m_i) \\
&\vdots \\
M &= K_n(\bmod m_n) \\
(i &= 1,2,3,\cdots,n)
\end{aligned}
\quad\Rightarrow\quad
\begin{aligned}
C &= m_1 \times m_2 \times \cdots \times m_n \\
M &= \sum_{i=1}^{n} K_i M_i y_i \\
M_i &= C/m_i, y_i = M_i^{-1}(\bmod m_i)
\end{aligned}
$$

图 2-4　中国剩余定理

$$
\begin{aligned}
&\text{KS} \xrightarrow{k_i, m_i} \text{node}_i \\
&\text{KS}:K \\
&\text{KS}:K_i = E_{k_i}(K) \\
&\qquad\qquad\qquad M = K_1 \bmod m_1 \\
&\qquad\qquad\qquad \vdots \\
&\qquad\qquad\qquad M = K_i \bmod m_i \\
&\text{KS}:M(\text{subject to} \qquad\qquad) \\
&\qquad\qquad\qquad \vdots \\
&\qquad\qquad\qquad M = K_n \bmod m_n \\
&\text{KS} \xrightarrow{M} \text{node}_i \\
&\text{node}_i:K_i = M \bmod m_i
\end{aligned}
$$

图 2-5　安全锁协议算法

文献[104]建议了一个基于多播路由的群组密钥协议。KMC 和每个群成员共享一个 KEK，在发送数据前，源节点使用 KEK(s)加密一个 TEK 发送给 KS，KS 使用 KEK(d)加密 TEK 发送给多播目的节点，目的节点解密得到 TEK。该协议需要 KS 和多播地址中的每个目的节点通信，增加了网络负载。该协议建立在可靠端到端多播路由服务基础上。协议发起者是源节点，而 KMC 的作用是转发密钥材料。

文献[111,112]基于双线性对和门限密钥协议提出了一种单加密密钥多解密密钥加密/解密协议（One-encryption-key and Multi-decryption-key/Encryption Decryption Key Protocol，OMEDKP），其算法如图 2-6 所示。该协议具有单加密密钥多解密密钥性质，通过 KMC 为加密者分配部分数量的加密密钥碎片（Key Fragment，KF），为解密者分配不超过门限数量的解密密钥碎片，只有当收集的解密密钥碎片超过门限值数量时，解密者才可以成功解密。每个成员具有不同的身份标识，根据该标识 KMC 使用门限函数为成员计算密钥碎片，因此每次密钥更新都需要重新执行一次协议，为加密者和所有解密者分配新鲜的加密/解密密钥碎片。

文献[72]提出了一种集中式二维表密钥管理（Centralized Fla-table Key Management，CFKM）方案，如表 2-2 所示。该方案中，密钥层次结构被一个二维表结构所替代，该表包括一个 TEK 和 $2w$ 个 KEK（w 为成员数量），当群成员变化时，只需要更新节点所持有的部分 KEK，TEK 通过未妥协 KEK 加密发送，更新的 KEK 使用未妥协 KEK 和更新的 TEK 加密发送，数量为<$2w$，减少了 KS 所需要维护的 KEK 数量。然而，密钥更新过程需要较多的通信负载。

Initialphase:

KMC select $a + bn$ random values $V=\{v_1,v_2,\cdots,v_a\}, R_i=\{r_{i,1},r_{i,2},\cdots,r_{i,b}\}$;

select $a + b$ item $f(x)=\sum_{i=1}^{n}a_i x^{n-i}+S_0$, and computer $V^*=\{f(v_i), R^*=\{f(r_{i,j})\}$;

u_i selecta secret key $\{f(R_i)(Q_1+Q_2)\}$

Decryption phase:

computer $P^*=rP, Q_1^*=rQ_1, k=(k_1,k_2)=\mathrm{Hash}(S\|R\|SP\|r)$,

$\quad c=E_{k_1}(m), mac=H_{k_2}(m), U=e(Q_3,Q_2)^r k$

$\quad S^{**}=rS^*=\{rf(v_i)P\}$

Encryption phase:

$T=\{r_1,r_2,\cdots,r_a,v_{i,1},v_{i,2},\cdots,v_{i,b}\}, \sigma_{v,T}(0)=\prod_{x_j\in 1}^{i\neq j}\dfrac{(-x_j)}{(x_i-x_j)}$

$k'=(k_1',k_2')=\dfrac{e(Q_1^*,Q_3)U}{e(Q_1+Q_2,\sum_{i=1}^{a}(\sigma_{r_i,T}(0)\cdot\ \mathrm{value}(S^{**},i)))\times e(\sum_{i=1}^{a}(\sigma_{v_{i,j},T}(0)\cdot\mathrm{value}(S^{**},i)),P^*)}$

$m'=D_{k_1}(c), mac'=H_{k_2}(m')$

图 2-6　OMEDP 协议算法

表 2-2　集中式二维表密钥管理

密钥	节点			
	Use1	Use2	Use3	Use4
KEK1	1	1	1	0
KEK2	1	1	0	1
KEK3	1	0	1	1
KEK4	0	1	1	1

文献[113]提出了一种可扩展的群组密钥管理（Extended Group Key Management，EGKM）方案。在网络展开前，为每个节点预导入一个密钥集合，该集合作为 KEK，由密钥服务器产生并分发群组密钥到邻居节点，然后逐跳进行群组密钥分发，使用节点间共享的 KEK 来保证组密钥的安全传输，而节点间共享的 KEK 则通过共享密钥发现或路径密钥建立来得到。当有节点被俘虏时，剩余节点并不抛弃被

俘虏节点的密钥 k_i，而是使用一个未被俘虏的密钥 k_m 来进行更新，更新后的密钥 $k_n = f_{k_m}(k_i)$，f 为一伪随机函数。此方案采用对称加密，节点计算量较小，且节点本地保存的密钥集合不需要占用太大的存储空间，在节点被俘虏时，对被俘虏的密钥进行更新，增强了方案可用性，但密钥服务器可能会成为通信瓶颈，且会造成单点失效问题。

文献[114]提出了一种随机密钥预分配管理（Random Preconfigure Key Management，RPKM）方案，每个节点加入网络前都根据网络规模 n 计算保持网络连通性的最小连接概率 $\rho = (\log_2 n + c)/n$（c 为常数，n 为网络规模），从密钥服务器得到一个随机密钥集合，其规模 k 满足公式 $n\rho \left(1 - \dfrac{((P-k)!)^2}{(P-2k)!k!} \right) \geq 1$。当两个节点需要安全通信时，检查是否共享同一密钥，如果没有，就利用拥有共享密钥的中间节点来建立安全信道，k 的选择保证共享密钥的发现在 1～3 跳内。该方案适合能量要求严格、节点移动无规律的网络，但是由于密钥可能被多个成员共享，密钥更新需要预先知道密钥的位置，这样就与随机性矛盾，因此密钥更新是一个困难问题，且该方案需要离线式 KGC 支持。

文献[115]提出了一种基于身份标识的密钥管理系统（Key Management based on Identity，KMI）方案。该方案利用主体易识别且唯一的特征，如姓名或 E-mail 地址作为公钥和证书的生成材料，所以在认证之前不需要交换公钥，但需要一个集中式的 KGC 来产生系统的公钥以及用户的私钥。由于 KGC 知道所有用户的私钥，一旦被俘虏将造成整个系统的崩溃。基于双线性对的密钥管理方案的共享密钥协商无须成员交互，因此在延时要求苛刻的网络中得到广泛的应用，如 DTN。

文献[116]提出了一种基于对称密钥体制提出一种基于多项式的

密钥管理（Polynomial-based Key Management，PKM）方案，会话密钥 GK_k 可以由多个不同的密钥 KEK_i 计算得到，会话密钥 GK_k 作为方程的常系数，而解密密钥 KEK_i 作为方程 $f(x)$ 的根，具有单加密密钥多解密密钥的性质。但是该方案不满足前向和后向安全性。

$$f(x)=\sum_{i=1}^{n}(x-KEK_i)+GK_k$$
$$GK_k=f(KEK_i)$$

文献[117]中提出了一种基于证书的组播密钥管理（Multicast Key Management based on Certificate，MKMC）方案。节点以离线方式获得服务资格证书，参与到组播组中。证书撤销动作由组播源完成，以证书撤销链表的方式记录，并周期性地广播给每个组成员。组成员与组播源之间通过节点的全球定位系统（Global Position System，GPS）位置信息构造最优逻辑路径，形成组播树。该树的父子成员节点间通过协商会话密钥来保证组播信息的机密性。该方案通过 GPS 位置信息构造最优组播逻辑树，有效地减少了组播信息的通信开销，但组播数据需要在每一跳进行加密和解密，计算开销和能量消耗较大。另外，撤销机制不具备可扩展性，GPS 辅助设备也限制了其应用。

表 2-3 和表 2-4 给出了几种集中式密钥管理方案的安全性和效率对比。集中式方案成功实施的一个重要前提是，KMC 能够在密钥管理中和任何节点建立有效的端到端链接，节点的任何请求都能够被及时地送达到 KMC，KMC 的绝对安全性和较强能力简化了协议复杂度。KMC 是集中式密钥管理方案的核心，几乎所有的密钥管理任务都由 KMC 负责，因此 KMC 的能力一般比其他节点强，这也使得 KMC 的建立较为复杂和昂贵。由于 KMC 的重要性，它往往成为攻击者重点攻击的对象，是集中式密钥管理的安全瓶颈。为了避免 KMC 被攻击，

以及减少网络成本，使用 KGC 提供密钥预分发的方案被提出。该方案需要节点预先配置大量的备选密钥，随机分配方式造成密钥更新的困难性，基于离线式 KMC 的密钥管理方案大多用于节点能力受限的场景，如节点的能力无法预先建立安全信道的场景，传感器网络因为节点能量水平不能支撑公开密钥算法建立安全信道。减少成员与 KMC 之间交互次数和防止单点失效问题是此类方案的研究核心。

表 2-3　集中式密钥管理方案安全性的对比

名称	前向安全性	后向安全性	密钥独立性	合谋攻击
GKMP	√	√	√	null
LKH	√	√	√	null
OFT	√	√	√	null
CFKM	√	√	√	null
SLP	√	√	√	null
OMEDP	null	null	√	×
EGKM	null	null	√	null
RPKM	×	×	×	null
KMI	null	null	×	null
MKMC	√	√	null	null

说明：√表示支持，×表示不支持，null 表示没有此项说明。

表 2-4　集中式密钥管理的效率对比

方案名称	KMC	密钥更新				可靠端到端连接	密钥基础
		规模	消息开销	存储开销	发起者		
PKMP	在线	n	n	3	KMC	是	对称

续表

方案 名称	KMC	密钥更新				可靠端到 端连接	密钥 基础
		规模	消息开销	存储开销	发起者		
LKH	在线	n	$2\log_2 n$	$\log_2 n + 1$	KMC	是	对称
OFT	在线	n	$\log_2 n$	$\log_2 n + 1$	KMC	是	哈希函数
CFKM	在线	n	$2w$	$2w+1$	KMC	是	对称
SLP	在线	1	1	2	KMC	是	中国剩余 定理
OMEDP	在线	null	null	null	null	是	公开密 钥，双线 性对
EGKM	在线	1	1	集合	KMC	是	对称，伪 随机函数
RPKM	离线	null	null	null	null	是	对称
KMI	离线	null	null	null	null	否	双线性 对，公开 密钥
MKMC	离线	组播树 规模	组播树 规模	组播树 规模	组播源	是	公钥证书

说明：n 为网络规模，null 表示没有此项说明。

2.2.5　非集中式密钥管理

　　针对集中式密钥管理中的单点失效问题和规模较大网络的密钥管理需求，非集中式密钥管理（Decentralized Group Key Management，DGKM）方案被提出。基于分层分簇技术，网络划分为多个层次，KMC

在密钥管理中的作用被网络内部分节点承担，这些节点被称为簇头或域内领导者，它们承担区域内的密钥管理任务，当这些节点中出现损坏或退出时，重新选择新的簇头或域内领导者。方案的实施不仅需要支持多跳，而且需要成员合作。

文献[118]基于路由结构提出一种基于核心树多播路由的密钥管理（Scalable Multicast Key Distribute，SMKD）方案。核心路由树结构中包括多个核心节点、多个次级核心节点和一般节点，由核心路由节点产生 TEK 和 SK，并将这些 TEK 和 SK 发布给次一级的路由节点或其他节点，这些经过核心节点授权的次一级的路由节点或其他节点可以授权新加入节点，并发送给它们本区域内的 TEK 和 SK，但是 TEK 和 SK 的生成仍旧由核心路由节点负责，该方案没有给出前向安全性的解决方案。

文献[119]提出一种基于域的密钥管理（Inter Domain Key Management，IDKM）方案，该方案将网络分为 3 层结构：第一层为域密钥分发者（Domain Key Distributor，DKD），由单个实体负责密钥的生成；第二层为域内密钥管理者（Area Key Distributor，AKD），负责密钥发送和分配；第三层为普通节点。该方案存在单点失效问题。文献[120]也提出了类似结构，将网络分为 3 层，即群管理者、域内管理者和普通节点。其中，每个域内管理者不仅负责域内密钥管理，而且负责整个群的 TEK 生成，但是只有最高优先级的域内管理者具有此项能力。

文献[121]采用阶段更新的方式提出了一种密钥管理方案 Kronos。密钥的更新过程是阶段性的，采用固定时间周期，而不是成员变化，该协议分为多个 AKD，但是 TEK 不是由 DKD 生成的，而是由 AKD 独立生成的，为了保证每个 AKD 中的群组密钥都相同，每个 AKD 首先要保证相同的时钟周期具有相同的密钥材料。因为 TEK 生成方法为

$(R_{i+1} = E_K(R_i), KS: R_0, K)$，所以该方案不满足密钥独立性。

文献[122]提出了一种基于时间片的密钥管理（Time Slice Key Management，TSKM）方案。该方案将应用服务的完整时间段分为多个时间片，每个时间片使用不同的密钥，每个任务对应一个密钥种子，利用诸如MD5算法通过二叉树生成任务时间内每个时间片内的密钥，如图2-7所示。该方案不具有密钥独立性。

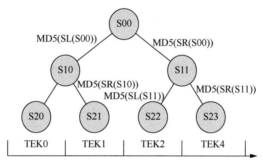

图 2-7　基于时间片的密钥管理

文献[123]提出了一种基于战场环境的密钥管理方案，它将网络分为 3 层，第一层和第二层由较高移动能力和能量水平的节点担当簇头，第三层由普通节点组成星形网络，如图 2-8 所示，该方案使用基于身份的密钥协商协议，隐含身份认证过程，提高了协商效率，但只适合特定战场环境，不支持多跳，应用环境有限。

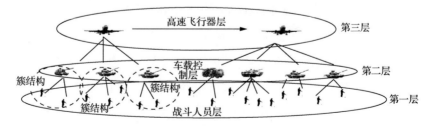

图 2-8　基于战场环境的密钥管理方案

　　文献[124]提出了一种基于支撑树结构的群组密钥管理（Clustered Arbitrary Topology Generalisation of Diffie-Hellman，CAT-GDH）方案，根据传输范围将网络分为两层，如图 2-9 所示，每层都由多个簇构成，由簇节点组成第一层，簇头节点组成第二层，第一层使用伯梅斯特-德梅特（Burmester-Desmedt，BD）方案，第二层使用 AT-GDH 方案，协议效率为 $O(\log_2 c)$，c 为网络中簇的数量，虽然该方案使得密钥更新限定在局部范围内，同时降低树高度，但由于簇的规模和特定的信息相关，较大簇在群组密钥管理中需要耗费较多的时延，而且簇规模的不同，也导致其更新效率不同，进而破坏网络的均衡性。

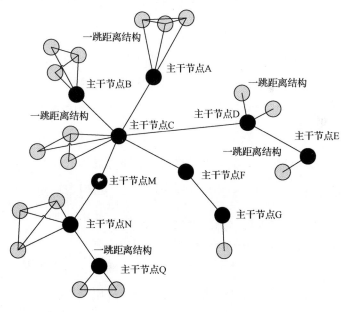

图 2-9　CAT-GDH 方案

　　文献[125]提出了一种层次密钥管理方案（Hierarchical Key Management Scheme，HKMS），它将网络分为两层结构，第一层在两跳的范围内组建簇结构，第二层由簇头组成，由于跳数的限制，有限的簇规模使得网络中簇的数量较多，簇间安全通信需要多次密钥转换。

文献[126-128]设计了双层加密协议（Dual Encryption Protocol，DEP）。现有非集中式密钥管理方案中密钥的发布经过很多的中间节点，因此这也使得密钥的安全性是建立在大多数网络实体是可信基础上的，为此 Dondeti 设计了 DEP。该协议也使用层次结构，由子群管理者（Sub Group Manager，SGM）管理每个子群，群中定义了 3 个 KEK 和 1 个 DEK，SGM 和群成员共享 KEK1，KS 和 SGM 中成员共享 KEK2，KS 和 SGM 共享 KEK3。这样 DEK 的发布经过两种密钥的加密，防止了中间节点的解密，即使中间节点非可信，也可以保证传输的安全性。但是增加了密钥转换次数，中间节点也不能参与身份认证。

文献[129]提出了一种基于成员过滤的动态群组密钥管理方案。该方案首先对网络分簇，其次簇头根据簇成员的信息构造过滤函数，并将其组播发送给所有的簇成员，只有该组中的合法成员才能通过此函数计算出正确的组密钥。当有成员加入或退出簇时，簇头根据新的成员信息生成成员过滤函数，然后将新的成员过滤函数分发给组成员，从而保证群组密钥的前向和后向安全性。由于群组密钥由簇内生成，簇外成员变化不会对簇内群组密钥产生影响，使用过滤函数提高了传输效率，但是簇头负责分发群组密钥可能会引起单点失效。

表 2-5 给出了几种非集中式密钥管理方案的安全性和效率对比，非集中式密钥管理方案适合大规模无线网络应用，密钥更新规模与簇规模相关，簇规模的选择以应用场景的网络特性为基础。作为中间转发的域内管理者和簇头作用尤其重要，域内管理者和簇头损毁时，可以由其他节点替换，因此，该密钥管理方案具有一定的抵御攻击能力。

但是，群管理者和簇内管理者之间的连接，以及簇内管理者和簇内成员之间的连接，都必须是端到端可靠连接，同步机制和较短的延时也是保证方案成功实施的不可或缺的前提条件。根据网络的特点建立分层分簇算法、减少密钥转换的次数和提高簇头的生存能力是此类方案的研究核心。

表 2-5　非集中式密钥管理方案的安全性和效率对比

方案	密钥独立性	前向安全性	可信转发节点	动态性	更新范围	多跳	拓扑结构
SMKD	√	×	√	×	多播树规模	√	核心多播树
IDKM	√	√	√	√	域内	√	分层分簇
Kronos	×	null	null	×	null	×	×
TSKM	×	null	null	×	null	×	时间片
基于战场环境的密钥管理方案	√	√	√	√	域内	×	分层分簇
CAT-GDH	√	√	√	√	$O(\log_2 c)$	√	分层分簇
HKMS	√	√	√	√	两跳范围	√	分层分簇
DEP	√	√	×	√	域内	√	分层分簇

说明：√表示支持，×表示不支持，null 表示没有此项说明。

2.2.6　分布式密钥管理

分布式密钥管理（Distributed Key Management，DKM）方案为解决分布式网络共享密钥协商而提出。该类方案最大的特点是所有成员在密钥管理中的作用等价。密钥管理无须 KMC 的支持，也不具有簇头或域内领导者等特殊节点，每个成员都通过贡献部分密钥材料在公开信道上合作协商得到共享密钥。该类方案支持非诚实环境中无预先配置安全信道的密钥管理，密钥协商方式灵活，节点分担密钥管理任务解决了单点失效问题，能够容忍部分节点的损毁，适合分布式网络，尤其满足自组织网络的动态管理需求。但是该类方案大多使用公钥密钥机制，且需全体成员参与多次交互过程，消耗较多的网络资源。长延时和较高计算开销成为限制该协议应用的主要瓶颈，现有方案不适合大规模多跳网络的应用。

文献[67]首先提出将 DH 协议应用于群组的密钥协商协议。成员具有执行 DH 协议的能力，每个成员通过 DH 协议在公开信道交互共享密钥材料以计算共享密钥，协议交互轮数开销为 n 轮，每个成员都需要发送消息 $n-1$ 次，计算开销为 n 次模指数运算，如图 2-10 所示。由于该方案无须预先建立安全信道，因此一经提出，就得到了广泛的关注。该协议为两方 DH 协议扩展到多方的群组密钥管理协议奠定了理论研究基础。

$$\text{the first round user}_{i \bmod n} \text{recieves } g^{x_{i-1 \bmod n}}(\bmod \rho) \text{from user}_{i-1 \bmod n}$$

$$\text{andsends } g^{x_{i \bmod n}}(\bmod \rho) \text{to user}_{i+1 \bmod n};$$

$$\vdots$$

$$\text{the k round user}_{i \bmod n} \text{recieves } g^{\sum_{j=1}^{k} x_{i-1-j \bmod n}}(\bmod \rho) \text{from user}_{i-1 \bmod n}$$

$$\text{and sends } g^{\sum_{j=1}^{k} x_{i-j \bmod n}}(\bmod \rho) \text{to user}_{i+1 \bmod n};$$

$$\vdots$$

$$\text{the n round user}_{i \bmod n} \text{computes } g^{\sum_{j=1}^{n} x_{i-j \bmod n}}(\bmod \rho)$$

$$\text{and get } key = g^{\sum_{k=1}^{n} x_k}(\bmod \rho)$$

图 2-10　DH 协议流程

文献[92]中提出了一种将两方 DH 协议扩展到多方的群组密钥管

理协议——基于 DH 的群组密钥管理（Group key management based on Diffie-Hellman，GDH）协议，文献[67]进一步优化了多方 DH 协议，提出 GDH.1、GDH.2 和 GDH.3 协议簇，将多方 DH 协议扩展为支持动态网络的群组密钥管理方案，并通过组织优化和组播通信方式降低通信开销和计算开销。随后出现了改进的多方 GDH 协议，如 Hypercube、2^d-cube 和 Octopus 等，这些协议将网络节点安排在一个特殊的逻辑结构或拓扑结构上[130]，减少了群组密钥协商时的通信交互次数，但协议缺乏有效的密钥更新机制，可扩展性不强。

文献[131,132]提出一种基于平面树（Skinny Tree，STR，见图 2-11）的组播密钥管理方案，网络成员组成一个平面树结构，每个成员都对应树上的一个叶子节点，非叶子节点为协商的组密钥 k_i，每个叶子节点都具有一个秘密值 x_i 和一个盲密钥 $bk_i = g^{x_i} \bmod p$，则层 $i-1$ 的组密钥为 k_i 和 bk_i，计算 $k_{i-1} = g^{k_i x_i} \bmod p$，每层逐次计算，最高层的密钥为 $k_1 = g^{x_2 g^{x_3 \cdots g^{x_{n} x_2}}} \bmod p$。由于该结构为线性结构，因此具有较高的计算开销和消息开销，位于最底层的成员需要执行 $n-1$ 次模指数运算，发送 $n-1$ 次消息。该协议支持动态成员的密钥更新，当有成员加入时，将其加入最高层次，只需要使用旧的根节点密钥重新计算新的根节点的密钥，逻辑密钥树的高度增加 1；当有成员离开时，其更新效率与离开成员的高度相关，高度越高，更新效率越高，最差情况为最底层的叶子节点，因此该协议对节点加入的性能表现较好。

文献[133,134]针对 STR 的缺陷，在 LKH 方案的基础上，通过 DH 协议将其修改为 DH 逻辑密钥树（Diffie-Hellman Logical Key Hierarchy，DH-LKH）密钥管理方案。网络成员通过 DH 协议协商共享组密钥，与 LKH 方案类似，该方案具有逻辑密钥树。DH-LKH 方案的群组密钥结构如图 2-12 所示。这是一棵二叉树，树中的叶子节点对应网络成员，非叶子节点为密钥加密密钥，树根节点对应会话密钥，密钥的建立过程从下到上，第 i 层的节点密钥由第 $i+1$ 层对应的孩子节点的密钥产生。相对 STR 方案，该方案的计算开销为 $\log_2 n$ 次模指数运算，每个节点发送消息量为 $\log_2 n$。成员加入或退出时，计算开销为 $\log_2 n$，消息开销为 $\log_2 n$。

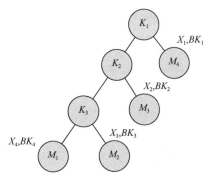

图 2-11　Skinny Tree

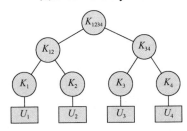

图 2-12　DH-LKH 方案的群组密钥结构

文献[135]提出一种结合 STR 和 TGDH 的方案（user-center Tree-based Goup Diffie Hellman，uTGDH）协议，如图 2-13 所示，uTGDH 在椭圆密码曲线公钥的基础上，借鉴 STR 方案较少的通信负载和 TGDH 较少的计算开销与存储开销，密钥树整体构建 STR，子树构造为二叉树，在网络时延和通信负载之间取得平衡，效率依赖 TGDH 子树和 STR 子树的规模，由于 uTGDH 在整体拓扑结构设计上仍是 STR，所以子树规模不同，更新效率非均衡，层数越低的节点承担的计算开销和存储开销较大。

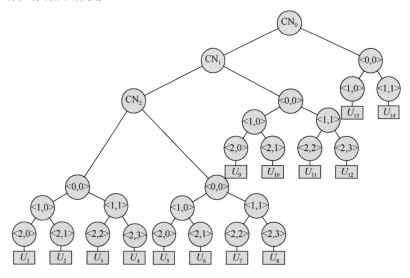

图 2-13　uTGDH 的树结构

文献[91]提出了一种常数轮的密钥协商协议 BD 协议，如图 2-14 所示，BD 协议基于 DH 协议实现了密钥交互协议交互轮数与网络规模的无关性，交互轮数为常数级别。该协议只需要成员发送两次消息交互公开密钥材料，执行 $n+1$ 次模指数运算，就能计算出共享密钥。但是 BD 协议需要同步机制支持。

the first round , user$_i$ computes $Z_i=g^{x_i}(\bmod \rho)$,and send it;

the second round , user$_i$ computes $X_i=(Z_{i+1}/Z_{i-1})^{x_i}(\bmod \rho)$,and send it;

the end user$_i$ computes $key=(Z_{i-1}^{nx_i}X_i^{n-1} \cdots X_{n-2})(\bmod \rho)$;

图 2-14　BD 协议

文献[136]利用双线性对构造了一种三方共享密钥协议，3 个成员

A、B 和 C 分别选择 3 个随机数 a、b 和 c，它们通过公开信道发送消息 aP、bP 和 cP，A、B 和 C 分别计算公式 $e(aP,bP)^c$、$e(bP,cP)^a$ 和 $e(aP,cP)^b$，则最终得到共享密钥 $key = e(P,P)^{abc}$。由于双线性对能够使用更少的消息和交互轮数协商共享密钥，因此比基于 DH 协议的密钥管理方案具有更好的效率。文献[137]基于双线性对构造规模为 3 的分层分簇结构，将更新消息和计算量降低为 $\log_3 n$。

文献[138,139]基于双线性对和同态密钥机制提出一种非对称群组密钥协商（Asymmetric Group Key Agreement，AGKA）协议，如图 2-15 所示，该协议执行完毕后，所有群成员得到一个公开加密密钥，每个群成员具有该公开加密密钥对应的解密密钥，且每个群成员的解密密钥不同。公钥通过私钥材料组成，每个成员的私钥也由各个成员的密钥材料组成，因此当成员加入或退出时，需要所有成员共同重新执行密钥协议。由于每个成员具有对自己提供密钥材料的秘密签名 $\sigma_{i,i} = X_i h_i^{r_i}$，因此一旦有成员加入，密钥协议就需要重新执行。

Initialphase:
u_i:select $X_i \in G$, $r_i \in Z_p^*$, compute $\sigma_{i,j} = X_i h_{jri}$, $R_i = g^{-r_i}$, $A_i = e(X_i, g)$,issue $\sigma_{i,j}, R_i, A_i$
u_j:computr $\sigma_i = X_i h_i^{r_i} \prod_{j=1}^{n,j\neq 1} \sigma_{j,i} = \prod_{j=1}^{n} X_j h_i^{r_j} = (\prod_{j=1}^{n} X_j) h_i^{\sum_{j=1}^{n} r_j}$
Encryption/Decryprion phase
Encryption:$c = (c_1 = g^t, c_2 = R^t, c_3 = mA^t)$
Decryption:$m = c_3 / (e(\sigma_i, c_1) e(h_i, c_2))$

图 2-15　AGKA 协议流程

由于分布式网络中缺少身份认证中心，因此结合身份认证的密钥管理方案被提出，主要包括以下几种。

文献[140]提出了一种"复活鸭子"（resurrecting ducking）方案。当网络初始化时，节点将第一个为其分发密钥的节点作为它的拥有者，并只接受拥有者的控制，这种控制一直保持到节点死亡，然后等下一个拥有者出现时节点复活，这样就形成了一种树状的密钥管理模式。该方案计算开销小，但通过物理上的接触来解决初始密钥的分发，限制了"复活鸭子"方案的应用，另外该方案缺乏灵活性，如果一个节点失灵，其所有的子孙节点都将无法进行安全通信。

文献[141]提出了一种完全自组织的密钥管理方案。在该方案中，允许用户产生自己的公私密钥对，并签发证书来完成认证。当两个节点需要建立信任关系时，就合并它们的本地证书库，从而形成一张证书图，并试图从该图中发现一条认证链路。如果发现一条认证链路，则认证成功，否则认证失败。自组织密钥管理方案不需要任何可信第三方，节点自己完成证书的颁发、更新等操作，但是密钥管理中节点的存储量和计算量较大，且只能从概率上保证节点间存在证书链。

文献[142]提出了一种部分分布式管理方案。该方案将电子认证（Certificate Authority，CA）证书的私钥分为 n 份，分给网络中的 n 个服务节点，每个服务节点可以使用获得的私钥份额来签发一个证书碎片，收集超过门限值数量的证书碎片才能得到一个有效证书。经过足够长的时间后，移动攻击者可以俘获不少于门限数的服务节点来重构 CA 证书的私钥，从而造成系统崩溃。为了有效防止这种情况的发生，服务节点可用先应式秘密分享更新机制来更新私钥份额而不更改 CA 证书的私钥，从而增强系统的安全性。此方案安全性较高，但由于服务节点的数量有限，通用性不强。

文献[143]提出了一种完全分布式的方案。将 CA 证书的私钥份额分发给网络中的所有节点，增强了分布式服务的可用性，但是，所有节点都拥有 CA 证书私钥份额，这就增加了 CA 证书私钥暴露的风险，降低了系统的安全性。

文献[144]提出了一种复合式密钥管理方案。考虑到分布式的管理方案安全性较高，但其计算开销和通信开销大，而自组织的管理方案灵活，且无法保证认证成功率且缺少信任节点，不适合安全需求较高的网络。因此在网络中同时使用分布式 CA 和证书链，可以利用一种技术来弥补另一种技术的不足。网络中存在 3 种类型的节点：分布式 CA 服务节点、证书链参与节点、普通用户节点。利用分布式 CA 来满足安全性要求，利用证书链来满足可用性要求。比起单独使用分布式 CA 或证书链的方案，性能得到较大提高。但缺乏有效的证书撤销机制，且恶意用户可能伪造大量的虚假证书破坏网络的安全。

文献[145]提出了一个分布式的群组密钥管理框架。该框架以 RSA 非对称密码体制和门限秘密共享体制为基础，由离线的控制节点初始化节点的密钥信息。在网络部署后，多于门限个数的节点可以在不暴露私有密钥碎片的情况下生成群组密钥，节点的公私密钥对用于群组密钥生成与分发过程的安全通信，采用门限秘密共享机制提高了群组密钥管理方案的可用性和扩展性，增强了系统的容侵性。但该方案在初始化阶段需要一个可信控制的节点参与且难以抵御拒绝服务攻击。

表 2-6 给出了几种分布式密钥管理方案的对比，分布式密钥管理方案是目前群组密钥管理的主要研究内容。分布式密钥管理方案无须特殊外部设备，无须密钥管理服务器支持和预制安全信道，密钥协商方式契合分布式网络自组织组网方式，支持网络成员的自由加入或退出，满足动态群组密钥管理的前向和后向安全性和密钥独立性需要，

适合快速部署具有抗损毁的网络场景需求。由于共享密钥建立在公开信道基础上,目前大部分分布式密钥管理方案采用公钥密钥基础。因此,此类协议需要节点具有能够执行公钥的能力,增加了计算开销和消息开销,对网络资源提出了挑战,适合规模较小的分布式网络。目前,减少计算开销和消息开销是分布式密钥管理的主要研究内容,在安全性上,身份认证安全机制的建立和密钥独立性是其基础研究内容。

表 2-6 分布式密钥管理方案对比

名称	交互轮数	消息开销		密钥基础	更新规模	共享密钥	群规模
		单播	多播				
提出将 DH 应用群组密钥管理	$n-1$	$n(n-1)$	0	DH	n	√	n
GDH	n	$n-1$	1	DH	n	√	n
Octopus	$2(n-1)/4+2$	$3n-4$	0	DH	管理者 n,成员 $n/4$	√	n
STR	n	n	0	DH	树高度	√	n
DH-LKH	$\log_2 n$	0	$\log_2 n$	DH	树高度	√	n
uTGDH	$n/c+\log c$	0	$n/c+\log_2 c$	DH	树高度和子群规模	√	n
BD	2	0	2	DH	n	√	n
三方共享密钥协议	1	0	1	双线性对	3	√	3
AGKA	1	0	1	双线性对	1	×	n

2.3 现有研究存在的问题

表 2-7 给出了 3 种类型的密钥管理方案对比。

表 2-7 3 种类型的密钥管理方案对比

方案 类型	KMC	节点 能力	可靠端 到端	网络 规模	网络资 源消耗	延时	辅助设备
CGKM	√	低	√	中等	少	少	无
DGKM	×	中等	√	大	中等	少	√
DKM	×	高	√	小	高	长	无

目前，上述密钥管理方案很难应用于深空 DTN，主要问题如下。

（1）长延时。它是现有密钥管理方案应用深空网络所面临的最为严重的问题，密钥材料长时间暴露不仅降低系统的安全性，而且增加协商失败的概率。与地面无线网络相比，最远的密钥材料传输距离为近地轨道卫星，其延时单位为秒，即使遭受攻击，KMC 或 KGC 也能实时处理。而在深空网络中，即使提供可靠端到端链接，地面 KMC 或 KGC 将密钥材料发送到深空实体其延时也长达几十个小时或上百个小时。深空网络延时不仅增加了攻击者成功攻击密钥的概率，而且无法保证密钥和密钥材料的新鲜性。因此保证有效时间内协商密钥和降低密钥管理的延时是深空网络密钥管理的首要任务。

（2）可靠的端到端服务。现有的密钥管理方案和密钥协商协议都是基于可靠端到端服务或连通的拓扑结构，即使在基于随机图密钥管理方案中，节点随机地接入和退出，每个节点都能保证和部分节点连接，并确保网络的连通性。可靠的端到端服务保证密钥材料在密钥生命周期内是可达的，生成的密钥是新鲜的。但是，在深空网络中，这种可靠的端到端服务难以实时提供，长延时的端到端服务很容易因空间环境的变化而中断，网络也不能准确地预测离开/加入事件。密钥管理将会因密钥更新失败而被阻止，不仅造成宝贵深空网络资源的浪费，还会加剧网络通信延时。因此研究在非可靠端到端服务前提下的密钥管理方案，对深空 DTN 安全研究具有重要的意义。

（3）缺少自主密钥管理策略的研究。空间实体的硬件能力不断增强，减少地面控制中心干预和加强本地空间实体的自主化管理策略是未来深空网络的发展趋势。目前除了自组织密钥管理方案具有部分自主管理密钥的功能，3 种类型的密钥管理方案都不具备自主管理密钥的功能。深空网络的自主化密钥管理方案为节点管理密钥提供本地化，不仅减少了 KMC 的干预，而且减少了对可靠端到端服务的依赖。因此，深空网络密钥管理的自主化具有十分重要的现实意义。

（4）密钥管理全局信息获取。现有的集中式密钥管理方案中假定 KMC 已经掌握了全局信息，分布式密钥管理方案中节点间也组织成特定的结构或顺序。然而在深空 DTN 中，节点间的间断连通和长延时的特点，不仅使得节点很难完整获取相邻节点的信息，也无法保证网络信息的新鲜性。轻者降低密钥管理效率，重者做出与正确密钥管理策略相反的结论。因此，节点的密钥管理知识正确性十分重要，同时也要考虑基于知识的密钥管理策略的效率问题。

（5）密钥更新的安全性。其包括前向安全性、后向安全性和密钥独立性问题。前向和后向安全保护是动态群组密钥管理安全的核心问题。在现有方案中，当网络成员退出或加入后，其他成员能够及时收到退出或加入的消息，或者在有限时间内检测到该节点状态，从而发起密钥更新过程，保护前向和后向安全。然而在深空 DTN 中，当节点退出或加入时很难通知密钥管理者，从而为攻击者提供了攻击机会。间断连通的链路无法为节点间提供可靠的交互，并且无法保证节点间密钥更新的同步性，因此难以保证密钥的独立性，从而威胁密钥管理的安全性。

（6）密钥管理的多目标优化问题。现有的密钥管理研究成果缺乏多个评估指标的综合考虑，针对节点能量消耗、存储复杂度、网络安全性、可扩展性以及密钥协商延迟设计评估指标，只能在个别指标上具有较好的性能，不能从整体上优化密钥管理效率或者根据网络动态场景调整密钥管理策略。深空 DTN 环境的复杂多样性，需要密钥管理能够动态应对复杂环境，单一指标优化的密钥管理不适合多种场景模式，因此在深空 DTN 建立多目标优化和具有动态优化策略的密钥管理是十分必要且重要的。

（7）存储转发安全性。由于深空 DTN 中密钥材料的发送需要经过多个节点，发送前 KMC 或 KGC 无法预知传输路径，也不能判断传输节点的安全性，这为攻击者提供了攻击机会，保护密钥材料的私密性、密钥使用者的匿名性和密钥材料的可信性是深空 DTN 密钥管理协商的前提。

（8）无隐性装备。在一些密钥管理方案中，密钥管理会得到一些辅助性的装备支持，这些装备可以为密钥管理提供及时有效的辅助服务，如 GPS、PDA、空中飞行器、便携存储设备等，通常这些装备的可信度高于网络成员设备。而在深空 DTN 中，这种辅助性设备的提供几乎是不可能的。

（9）密钥更新的同步性问题。现有的群组密钥管理方案中，成员间能够保持连通性，当群组密钥发生更新时，更新消息可以被及时送达，因而群组密钥更新具有同步性。但是深空 DTN 中每条路径延迟存在巨大的差异性，如何保证群组密钥更新的同步性是一个挑战。

（10）信道的非对称性。现有的密钥管理方案假设信道属性是相同的，而深空网络的信道具有明显的不对称性，上行信道带宽小于下行信道带宽，因此深空网络的信道对密钥材料的体积是有限制的。

（11）全部成员参与密钥更新过程计算。尽管有多种单加密密钥多解密密钥加密/解密协议被提出，但是这些协议仍旧不能解决因成员变化带来的更新效率问题。这是因为此类协议的私钥结构中仍旧包含其他成员提供的密钥材料，因此一旦成员发生变化，所有成员都必须重新执行协议得到新的私钥和公钥。

（12）缺乏自主的动态选择策略。每种密钥管理方案都具有固定的效率，不支持成员根据本地的环境需要动态地在多项性能指标间取得折中，因此不能灵活有效地应对环境的变化。

综上所述，目前国内外专家学者已经取得一些研究成果，奠定了密钥交互协议和密钥管理的研究基础，也指明了未来研究方向。一些研究成果为深空网络提供了有益的技术支持。但是，现有的密钥管理方案的天生缺陷使得其难以直接应用于深空 DTN。

2.4 总　　结

　　本章首先介绍了深空 DTN 的主要安全威胁和研究进展，从安全结构、身份认证、安全路由设计和密钥管理 4 个方面介绍现有的主要研究问题和研究目标。考虑到现有地面无线网络的密钥管理技术较为成熟，以及目前空间网络的密钥管理大多借鉴地面无线网络的密钥管理方案，因此详细介绍了目前地面无线网络的主要密钥管理方案，并对它们的性能从安全性和效率两个方面进行分析比较，简要介绍几种典型的单加密密钥多解密密钥管理方案的原理。最后指出地面无线网络密钥管理方案在深空 DTN 中应用的主要缺陷，从而为下一步的研究工作指明方向。

第 3 章

基于自主的深空 DTN 安全体系结构研究

星上处理能力随着硬件水平的提高而日益增强，使得安全策略的实施从地面控制中心转移到星上处理成为可能。具有自主性的深空安全结构将密钥管理策略本地化执行，网络成员能够在保证安全性的前提下自主地管理密钥，减少了地面控制中心的干预，具有及时应对网络变化和减少延时的优点，从而提高网络的整体安全性和效率。

3.1　自主星上处理能力

空间网络的自主化必须建立在一定的硬件基础上。随着高集成度专用芯片的开发和利用[146]，以及可持续能源的高能电池的配备[147]，星上处理能力日益提高，空间实体的自主能力越来越强[148]，目前星上处理的主要研究方向包括空间探测器的自主管理、空间飞行器自主导航、软件信息系统自主管理。文献[149,150]给出了自主网络的定义，构造了基于知识库的深空网络自主管理方案，以及自主网络需要满足的 4 个属性（自配置、自恢复、自优化和自保护）。

目前空间飞行器搭载的处理器计算能力越来越强，从第一代空间飞行器——通用飞行计算器（Spacecraft Common Flight Computer，SCFC）（每秒处理 1 百万条指令、四芯片、1750 指令结构），发展到第三代空间飞行器——X2000 系统飞行计算机（System Flight Computer，SFC）（PowerPC 750 处理器），目前进一步从单核发展到多核，从 32 位扩展到 64 位，支持多线程和三级缓存。因此空间实体执行复杂的密钥算法是可行的，且其运算速度低于秒级，远低于空间信道的传输延时级别，对比传输延时代价，计算延时代价可以忽略不计。

空间实体的能量水平也越来越高，从早期短寿命的锌银电池，到目前支持大功率的长寿命的可持续的太阳能混合燃料电池，空间实体的能量水平得到了长足的进步。目前空间原子能电池的研发[151]，使得支撑更为复杂的空间任务成为可能。因此，无地面控制中心支持，在具有高性能处理器和高水平能量电池的空间实体上本地执行复杂的安全协议是可行的。

综上所述，自主星上处理能力是未来深空 DTN 的发展趋势，设计具有自主性的安全协议和密钥管理方案是符合这一趋势要求的，但是自主深空安全策略和其他星上的自主能力是有区别的。

3.2　深空 DTN 密钥管理性能需求

与现有的地面无线网络的密钥管理方案一样，深空 DTN 密钥管理的性能需求也包括两个方面：安全性和效率。在安全性上，深空 DTN 密钥管理方案需要满足加密/解密方案的机密性和正确性等基本安全属性。在动态密钥管理更新上，需要满足密钥更新的前向和后向安全性。在效率上，需要降低密钥管理时延、更新规模、计算开销、网络负载开销和存储开销等。

既然依赖 KMC 的密钥管理策略不足以满足深空 DTN 的安全需要，执行本地化的密钥管理策略是势在必行的，所以深空 DTN 的密钥管理有两种模式：一是基于可靠的端到端链接的 KMC 密钥管理模式，即地面控制中心的 KMC 能够和深空网络中的实体建立可靠的端到端的链接，并且其策略的延时是可容忍的，基于 KMC 的密钥管理的好处在于密钥的计算任务由 KMC 承担，但是延时较长；二是基于非可靠的端到端链接的本地节点的密钥管理模式，即由网络成员分担网络密钥管理任务。这种模式的优点是能够灵活应对网络环境的变化，减少密钥管理延时；这种模式的缺点是网络成员需要承担大量的计算任务，并且为了保证协议的正确执行，成员的秘密配置信息可能需要被告知管理者，进而威胁秘密配置信息。因此，为达到本地节点的密钥管理中成员间无须公开秘密配置信息的目的，设计在安全性上等效于基于 KMC 的密钥管理方案对于基于本地节点的自主密钥管理模式是一个挑战。

在基于本地节点的密钥管理模式中，网络成员具有比集中式密钥管理方案中成员更强的能力，能够承担基于 KMC 密钥管理模式中面向自身的密钥管理任务。网络成员可根据效率和本地上下文情景选择两种模式中的一种，或者采用混合模式，并能执行优化策略，具有更好的性能，如图 3-1 所示。

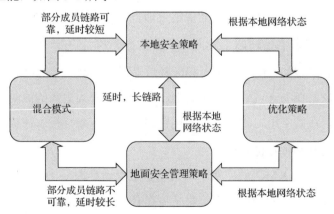

图 3-1　自主密钥管理节点状态转移

3.3 基于自主的密钥管理属性

基于自主的深空 DTN 密钥管理的最终目的是尽量减少地面控制中心的 KMC 的实时任务管理的复杂度，能够根据环境的变化做出可靠的密钥管理策略，在保证密钥管理的安全性的前提下，优化深空 DTN 成员协作完成密钥管理性能。基于自主的深空 DTN 密钥管理除了需要满足密钥管理的基本安全和效率属性，还应该具有以下安全和效率属性。

1. 密钥管理的自组织（self-organizing）

自组织是多个成员在密钥结构在网络结构上的自主性要求，具有两层含义：①深空 DTN 成员具有和其他成员协作完成协商、生成、分发、使用和撤销密钥的能力；②深空 DTN 成员具有建立基于私钥的公钥自组织结构的能力，使得成员根据本地上下文情景协商局部共享的公钥组织结构，不仅减少了密钥协商时间，而且提高了协议成功执行的概率。自组织是自主性在网络组网和密钥组织上的行为能力体现，设成员 $u_i, i \in \{1, 2, \cdots, n\}$ 在安全协议 P 中 T 时刻的自组织密钥操作有 $\{T_{u_{i,z}}^{P_i} \mid z \in \{1, 2, \cdots, m\}\}$，KMC 在安全协议中 T 时刻的密钥操作有 $\{T_{KMC,z}^{P_i} \mid z \in \{1, 2, \cdots, m\}\}$。

2. 密钥管理的自配置（self-configuration）

自配置是单个成员在自主性上的要求。当网络环境变化时，网络成员不能及时有效地从 KMC 中得到配置信息，深空 DTN 成员需要具有生成足够密钥材料的能力，并能对密钥管理中涉及本身的部分有权力进行配置、修改和更新。自配置是成员本身具有 KMC 实施该成员密钥管理全部功能的体现，前提是自配置不能破坏其他节点在密钥管理中的安全性。设成员 u_i 在安全协议 P 中 T 时刻的自配置的私有密钥参数有 $\{\varepsilon_{u_i,j}^{P_i} \mid j \in \{1,2,\cdots,k\}\}$，成员 u_i 在参数 $\{\varepsilon_{u_i,j}^{P}\}$ 上的自组织密钥操作为 $\{T_{u_i,z}^{P_i}(\{\varepsilon_{u_i,j}^{P_i}\})\}$，KMC 在参数 $\{\varepsilon_{u_i,j}^{P}\}$ 上的密钥操作为 $\{T_{KMC,z}^{P_i}(\{\{\varepsilon_{u_i,j}^{P_i} \mid i \in (1,2,\cdots,n)\} \mid j \in (1,2,\cdots,k)\}) \mid z \in \{1,2,\cdots,m\}\}$。

3. 密钥管理的自保护（self-protection）

由于 KMC 具有最高的安全性和较高的能力，任何节点的安全行为对 KMC 都是可视的，因此基于 KMC 的安全策略对成员秘密配置参数的修改是安全的。相反，基于本地节点的安全策略可能引发篡改其他成员秘密参数或破坏其合法性的问题。在密钥管理中，由于公开加密密钥的更新，使得其他成员的私有密钥的合法性被破坏，成员需要重新执行密钥协议，或者暴露密钥材料。密钥管理的自保护的意义在于，基于本地节点的密钥管理不会威胁其他成员的秘密参数，具有 KMC 的部分密钥管理功能，该部分内容只限定在密钥管理对象为本身节点时。因此深空 DTN 成员的密钥管理的自保护显得十分重要，这种自保护对于 KMC 是无用的，但是能够保证节点自身的密钥管理功能不会被其他节点的密钥管理功能影响和破坏。综上所述，自主密钥管理中的自保护具有 4 层含义：①在 KMC 缺失的情况下，成员工作能够保证密钥管理工作正确地执行；②成员在执行密钥管理工作时不会降低系统的安全性；③成员在执行密钥管理工作时不会破坏其他节点的安全性；④成员的合法密钥管理功能不能被其他节点替代。

设密钥管理的安全目标为 $\varGamma$，节点 u_i 的安全目标为 $\varGamma_{u_i}$，满足式（3-1）。

$$\varGamma = \bigcup_{i=1}^{n} \varGamma_{u_i}, i \in \{1, 2, \cdots, n\} \tag{3-1}$$

KMC 在密钥管理中行为的安全性表示为式（3-2）。

$$\begin{cases} \{T_{KMC,z}^{P_i}(\{\{\varepsilon_{u_i,j}^{P_i} \mid i \in (1, 2, \cdots, n)\} \mid j \in (1, 2, \cdots, k)\})\} \Rightarrow \varGamma \\ \{T_{KMC,z}^{P_i}(\{\varepsilon_{u_i,j}^{P_i}\})\} = \{T_{KMC,z}^{P_{i'}}(\{\varepsilon_{u_i,j}^{P_i}\})\}, t \neq t' \end{cases} \tag{3-2}$$

成员在密钥管理中行为的安全性表示为式（3-3）。

$$\begin{cases} \{T_{u_i,z}^{P_i}(\{\varepsilon_{u_i,j}^{P_i} \mid j \in (1, 2, \cdots, k)\})\} \Rightarrow \varGamma_i \\ \{T_{u_i,z}^{P_i}(\{\varepsilon_{u_i,j}^{P_i} \mid j \in (1, 2, \cdots, k)\})\} = \{T_{u_i}^{P_{i'}}(\{\varepsilon_{u_i,j}^{P_i} \mid j \in (1, 2, \cdots, k)\})\}, t \neq t' \end{cases} \tag{3-3}$$

则密钥管理的自保护性可以表示为式（3-4）。

$$\begin{aligned} &\{T_{KMC,z}^{P_i}(\{\varepsilon_{u_i,j}^{P_i} \mid i \in (1, 2, \cdots, n)\})\} \\ &= \{T_{KMC,z}^{P_{i'}}(\{\varepsilon_{u_i,j}^{P_i} \mid i \in (1, 2, \cdots, n)\})\} \\ &= \sum_{i=1, i \neq j}^{n} \{T_{u_i,z}^{P_i}(\{\varepsilon_{u_i,j}^{P_i} \mid j \in (1, 2, \cdots, k)\})\} \bigcup \{T_{u_i,z}^{P_i}(\{\varepsilon_{u_i,j}^{P_i} \mid j \in (1, 2, \cdots, k)\})\}, t \neq t' \end{aligned}$$

$$\tag{3-4}$$

4. 密钥管理的自优化（self-optimizing）

在可靠端到端链接下，KMC 能够及时获取网络的全局信息，执行最优化的密钥管理策略。但是在深空 DTN 中，KMC 获取的信息可能是陈旧的，不仅不能优化密钥管理性能，反而可能对环境变化做出错误反应。因此，深空 DTN 节点需要有能力根据环境的变化调整密钥管理策略，提高密钥管理的性能。

5. 密钥管理的可视性（visible）

KMC 在密钥管理中的核心地位是不变的，网络中所有成员的安全配置信息对 KMC 都是可视的，即在可靠端到端链接允许的情况下，任何成员都必须向 KMC 汇报自己的安全配置参数，然而这种可视性仅仅限于 KMC。因此，自主密钥管理方案中 KMC 和成员都可以作为密钥管理执行的发起者，但是它们是有区别的，KMC 对所有成员的秘密安全参数都是可视的，而成员只有自己的秘密配置参数。

定义 3-1：自主密钥管理方案（Autonomic Key Management Scheme，AKMS）是指具有自组织、自配置、自保护的基于本地成员的密钥管理方案，即在密钥管理 P 中，成员 u_i 对私有秘密密钥材料的自组织行为等价 KMC 对其私有秘密密钥材料的行为，且成员 u_i 执行任意自组织行为 SO_{ij}^P 都不会破坏成员 $u_j(j \neq i)$ 的所有自配置参数 $\{SF_{ij}^P \mid j \in \{1, 2, \cdots, k\}\}$ 的合法性。

基于以上的自组织、自配置、自保护、自优化和可视性属性，无论有 KMC 支撑还是缺乏 KMC 支撑，密钥协议都可以成功执行，并且在安全性能上等价。考虑到深空 DTN 建立的困难和费用的昂贵，轻微的错误就会导致深空探测任务的巨大损失，因此可靠性是深空 DTN 密钥管理中需要重点考虑的属性。而上述属性中，自组织、自配置和自保护对深空 DTN 密钥管理的可靠性具有显著的意义，而自优化是在原有策略上提高性能。其中，自保护属性严格界定了 KMC 和成员间的安全边界，是判断密钥管理自主性的基本条件，因此自保护处于自主密钥管理安全核心地位。本章以 5 种属性作为研究出发点，设计具有自主性的密钥管理协议和方案。

3.4　基于自主的深空 DTN 安全体系结构

对于深空 DTN 可以根据位置的不同分为 3 个层次：地面控制网络、空间主干网和星上网络，如图 3-2 所示。地面控制网络建立密钥管理中心，解决空间实体的密钥管理请求；空间主干网作为密钥材料的中间转发节点；星上网络组成行星探测网络。星上网络的密钥管理请求必须经过空间主干网，因此当空间主干网的延时超出密钥管理请求的预期，或者无法提供可靠链路支持密钥协议时，星上密钥管理将面临失败。为了解决这一问题，当空间主干网或星上网络的 KMC 密钥请求无法满足时，空间主干网和星上网络需要支持本地化密钥管理方案。因此深空 DTN 的密钥管理方案支持 KMC 管理和本地自主管理两种。地面测控中心的 KMC 处于相对静止状态，具有绝对的安全性，能够执行大量的计算并提供可持续的电源。地面控制网络和星上网络中的卫星按照天体运动轨迹运动，并具有一定的计算能力，使用太阳能电池板。星球表面的探测车具有较弱的计算能力和太阳能电池板。

基于自主的深空 DTN 协议栈结构如图 3-3 所示。自主网络层和自主链路层为自主密钥管理方案服务，它们为自主密钥管理方案提供可靠的端到端的路径和延时较小的链路。网络实体的动态安全管理策略和上下文情景感知的配置信息对 KMC 都是可视的。

（1）自主网络层。自主选择路径，自组织地形成一个子网。当可靠端到端链路存在时，支持基于 KMC 的密钥材料分发的路由机制；当可靠端到端链路不存在时，网络成员自发地寻找适合密钥发送的可靠路径。

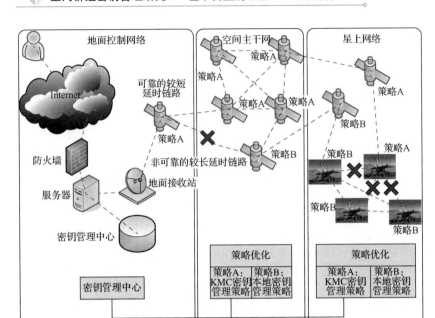

图 3-2　基于自主的深空 DTN 密钥管理架构

（2）自主链路层。自主选择点到点的链路。当连接 KMC 可靠端到端链路存在时，支持基于 KMC 的密钥材料分发的链路建立机制；当连接 KMC 可靠端到端链路不存在时，网络成员自发地寻找适合密钥发送的可靠路径。

（3）动态安全管理策略层。根据上下文情景感知的信息判断安全态势。如果信道是可以信赖的，并且与 KMC 的交互延时满足安全管理策略的需要，则使用基于 KMC 的安全管理策略，该状态下网络成员的所有安全策略对 KMC 都是可视的。否则，网络成员选择一种安全策略本地执行，该状态下网络成员在安全策略中的地位是平等的。

（4）上下文情景感知。节点感知实体所在的深空网络环境，接收 KMC 的配置信息，如链路状态、信噪比、地理位置信息、最大容忍延时等，并将上述信息传递给动态安全管理策略层。

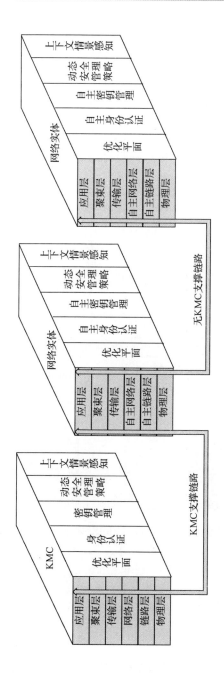

图 3-3　基于自主的深空 DTN 协议栈结构

如图 3-4 所示，基于自主的深空 DTN 密钥管理方案中合法节点具有和 KMC 一样的能力修改公开密钥材料和公开密钥，但是区别是 KMC 具有所有合法节点的密钥材料，因此可以使用任意密钥材料对公开密钥材料和公开密钥进行修改。合法节点只具有自己的密钥材料，只能使用自身的密钥材料修改公开密钥材料和公开密钥，并且合法节点的密钥材料具有独立性，使得任意密钥材料的修改不会破坏其他合法节点的密钥材料在公开密钥中的合法性，从而提供了自主密钥管理方案的自保护性。

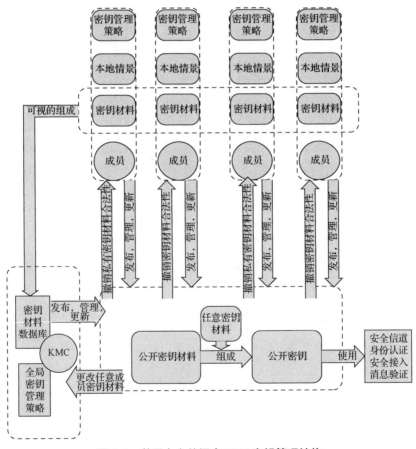

图 3-4　基于自主的深空 DTN 密钥管理结构

76

3.5　加密/解密模型

密钥管理最主要的两个内容是：加密/解密协议和密钥更新机制。

3.5.1　单加密密钥单解密密钥加密/解密模型

目前，大部分密钥管理方案都是基于单加密密钥单解密密钥加密/解密模型，如图 3-5 所示。在该模型中，加密密钥和解密密钥之间的关系特点是：一个加密密钥对应一个解密密钥；加密密钥加密的密文只能被一个解密密钥成功解密。例如，在对称密钥机制中，加密密钥与解密密钥是相同的，或者知道其中任何一个都可以推导出另一个；在公钥机制 RAS、ECC、Rabin 和 ElGamal 中[176,177]，公钥由私钥生成，知道私钥可以得到公钥，反之失败，公钥和私钥之间也具有一一对应关系。

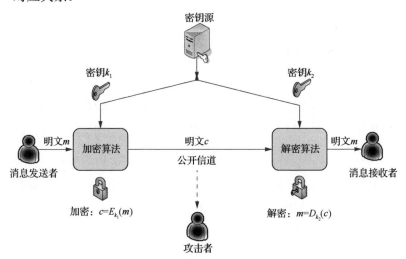

图 3-5　单加密密钥单解密密钥加密/解密模型

定义 3-2：单加密密钥单解密密钥加密/解密模型（One-encryption-key and One-decryption-key Encryption/Decryption Model，OOEDM），是指加密密钥和解密密钥之间存在一一对应关系。其满足以下的条件 $eKey_i$ 和 $eKey_j$ 是加密密钥，$sKey_i$ 和 $sKey_j$ 是解密密钥，$D(\cdot)$ 和 $E(\cdot)$ 为加密/解密函数，$R(\cdot)$ 为关系函数：

$$\begin{cases} D_{sKey_i}(E_{eKey_i}(m)) = D_{sKey_j}(E_{eKey_j}(m)) & ① \\ D_{sKey_i}(E_{eKey_i}(m)) = m & ② \\ eKey_i \neq eKey_j, sKey_i \neq sKey_j & ③ \\ D_{sKey_i}(E_{eKey_j}(m)) \neq D_{sKey_j}(E_{eKey_i}(m)) & ④ \\ R(eKey_i) \neq eKey_j & ⑤ \end{cases} \quad (3\text{-}5)$$

式（3-5）中的①和②说明 $sKey_i$ 和 $sKey_j$ 分别是 $eKey_i$ 和 $eKey_j$ 解密密钥；③和④说明如果 $eKey_i$ 和 $eKey_j$ 不同，则不能解密对应加密密钥加密的信息；⑤说明不存在这样的函数 $R(\cdot)$，能够根据 $eKey_i$ 求出 $eKey_j$。

3.5.2 单加密密钥多解密密钥加密/解密模型

相对于 OOEDM，在单加密密钥多解密密钥加密/解密模型中一个加密密钥对应多个解密密钥，如图 3-6 所示，解密密钥组成合法解密密钥集合，公钥加密的密文可以被解密密钥集合中的任意解密密钥解密，且解密密钥之间具有密钥独立性，即通过一个加密密钥计算得到另一个加密密钥是困难的。目前具有该性质的加密/解密算法有安全锁协议、OMEDP 和 AGKA 协议。

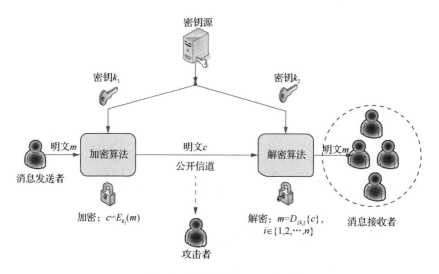

图 3-6　单加密密钥多解密密钥加密/解密模型

定义 3-3：单加密密钥多解密密钥加密/解密模型（One-encryption-key Multi-encryption-key Encryption/Decryption Model，OMEM），即存在一个加密密钥 $eKey$ 和解密密钥集合 $\{sKey_i\}$，使用相同加密密钥加密的信息能够被多个不同的解密密钥解密。其满足以下条件：

$$
\begin{cases}
eKey_i \neq eKey_j, eKey_i \in \{eKey_i\}, eKey_j \in \{eKey_i\} & ① \\
R(eKey_i) \neq eKey_j & ② \\
D_{sKey_i}(E_{eKey}(m)) = m & ③ \\
D_{sKey_i}(E_{eKey}(m)) = D_{sKey_j}(E_{eKey}(m)) & ④ \\
D_{sKey_k}(E_{eKey}(m)) \neq m, sKey_k \notin \{eKey_i\} & ⑤
\end{cases}
\tag{3-6}
$$

式（3-6）中的①和②说明两个不同的解密密钥属于集合 $\{sKey_i\}$，且不存在一个函数能够根据 $sKey_i$ 求出 $sKey_j$，满足密钥独立性。③和④说明 $sKey_i$ 和 $sKey_j$ 都能对 $eKey$ 加密的正确解密。⑤说明非 $\{sKey_i\}$ 中的解密密钥不能对 $eKey$ 加密的正确解密。

3.6　密钥更新模型

根据上述两种加密/解密模型分析得到 4 种密钥更新模型（Rekeying Model，RM），具有不同的更新模式和效率性能。

3.6.1　单加密密钥单解密密钥更新模型

在单加密密钥单解密密钥更新模型（One-encryption-key One-decryption-key Rekeying Model，OORM）中，加密密钥和解密密钥之间存在一一对应关系，该性质使得密钥更新中无论加密密钥更新或者解密密钥更新都会引发所有的密钥更新。在基于 OORM 的共享密钥交互协议中，由于成员具有相同的加密/解密密钥，为保证前向和后向安全性，单个成员的离开都会引发全部成员的密钥更新，如图 3-7 所示，每个节点重新选择密钥材料和计算共享密钥，密钥更新规模与网络相关。单加密密钥单解密密钥加密/解密模型内在的一一对应关系使得基于单加密密钥单解密密钥更新模型的密钥管理具有先天的缺陷，所有成员参与密钥更新过程导致较长的延时和同步更新机制，这一缺陷在深空 DTN 中是无法容忍的。

基于 OORM 的密钥更新方案 $P_{rekeying}^{OOEM} = <eKey_i', sKey_i'>$ 中，如果 $<eKey_i, sKey_i>$ 被多个节点共享，某个节点的 $eKey_i$ 更新，不仅需要更新 $sKey_i$，而且其他节点的 $eKey_i$ 也需要更新，否则不能保证前向和后向安全性。密钥更新后，新密钥 $<eKey_i', sKey_i'>$ 满足以下条件：

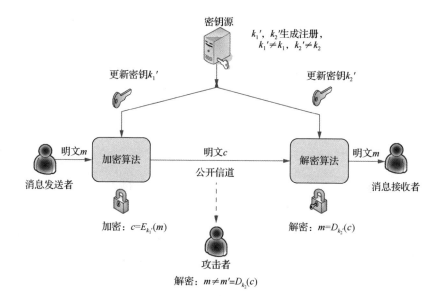

图 3-7　单加密密钥单解密密钥更新模型

$$
\begin{cases}
D_{sKey'_i}(E_{eKey'_i}(m)) = m \\
D_{sKey_j}(E_{eKey'_i}(m)) \neq m \\
D_{sKey'_j}(E_{eKey_i}(m)) \neq m \\
R(eKey_i) \neq eKey'_i \\
R'(sKey_i) \neq sKey'_i
\end{cases}
\tag{3-7}
$$

3.6.2　单加密密钥多解密密钥更新模型

相对于 OORM，单加密密钥多解密密钥更新模型（One-encryption-key Multi-decryption-key Rekeying Model，OMRM）的密钥更新较为复杂，如图 3-8 所示。该模型的密钥更新具有两种形式：①全部密钥更新，成员私有的解密密钥即使不泄露，也会因为公开加密密钥的更新而需要所有成员重新计算、更新私有解密密钥，显然一个成员的更新行为破坏了其他成员的私有配置信息，不具有自保护性。②部分密钥更新，仅有部分成员的密钥需要更新，当有成员加入或者退出时，仅仅加入/退出成员的私有解密密钥和公开加密密钥需要被更新，而其他成员的密钥无须更新。后一种方式使得密钥更新中非更新成员的解密密钥仍具有合法性，具有自保护性。从效率上看，因为成员间的交互减少，成员计算开销降低，进而提高了密钥更新效率。

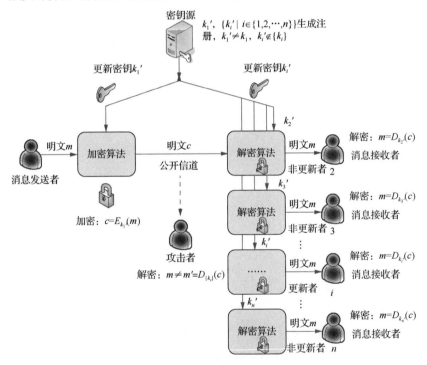

图 3-8　单加密密钥多解密密钥更新模型

目前基于 OMRM 的密钥管理有安全锁协议、OMEDP、AGKA。由于密钥之间的关联性，或者解密密钥和加密密钥通过门限密钥机制生成，密钥材料的变化会引发其他密钥材料的变化，因此当成员加入和退出时，为了保证前向和后向安全性，密钥管理者需要重新为每个成员计算私有和公开的加密密钥，密钥更新的规模与网络的规模相关。

3.6.3　独立单加密密钥多解密密钥更新模型

在独立单加密密钥多解密密钥更新模型（Independence One-encryption-key and Multi-decryption-key Rekeying Model，IOMRM）中，解密密钥之间具有密钥独立性，在密钥更新中非更新成员的解密密钥不会因更新者的密钥变化而发生变化，因此非更新成员的解密密钥保留不会产生前向和后向安全性问题，如图 3-9 所示。密钥源具有在保

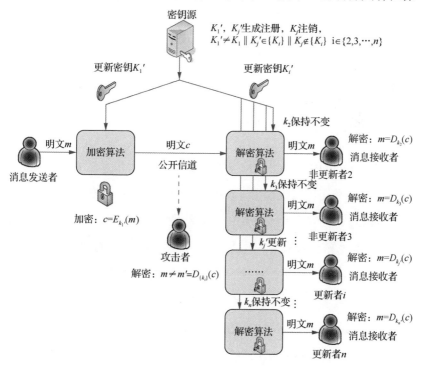

图 3-9　独立单加密密钥多解密密钥更新模型

证非更新成员私有解密密钥的合法性的前提下，对加密密钥和更新成员解密密钥更新的能力。在 IOMRM 中，非更新成员不参与更新过程，减少了交互过程，缩小了密钥更新规模，提高了密钥更新效率。目前，AGKA 协议在节点退出时的密钥更新具有该性质，而在节点加入过程中，尽管保证了成员私有解密密钥的合法性，但仍旧需要全部节点重新计算公开加密密钥材料。

定义 3-4：独立单加密密钥多解密密钥更新模型，私有解密密钥 $sKey_i$ 更新不会引发其他成员的私有解密密钥 $sKey_j(i \neq j)$ 更新，$sKey_i$ 更新 $sKey_j$ 仍旧可以对更新的加密密钥 $eKey'$ 加密的信息解密。其满足以下的条件：

$$\begin{cases} D_{sKey_i'}(E_{eKey'}(m)) = m \\ D_{sKey_j}(E_{eKey'}(m)) = m \\ R(sKey_i) \neq sKey_i' \\ R'(sKey_i') \neq sKey_j \end{cases} \qquad (3\text{-}8)$$

相对于 OORM，IOMRM 更新密钥不会破坏非更新节点解密密钥的正确性，密钥更新规模限定在单个节点内。无论是在 OMRM 还是在 IOMRM 中，对于加密密钥的更新都是依赖密钥源执行的，密钥管理成员（解密密钥拥有者）不具有对加密密钥更新的能力，如 OMEDP 依赖 KMC 执行密钥更新过程。在 AGKM 中，非更新成员需要对更新成员的解密密钥加工的公开密钥材料重新计算才能得到公开解密密钥，更新成员不能独立对加密密钥进行更新。

定理 3-1：OORM 满足自保护性。

证明：设 OORM 在更新前和更新后的参数如表 3-1 所示。

KMC 在密钥管理中的安全目标表示为式（3-9）。

表 3-1　OORM 在更新前和更新后的参数

	u_i 的密钥管理行为	$\text{Rekeying}_{u_i}^{KM}(\{skey_i\})$
	KMC 的密钥管理行为	$\text{Rekeying}_{KMC}^{KM}(\{skey_j\})$
	成员的安全目标	$\Gamma_{u_i} : D_{skey_i}(E_{ekey}(m)) = m$
更新前 t	KMC 安全目标	$\Gamma = \bigcup_{i=1}^{n} \Gamma_{u_j}, j \in \{1, 2, \cdots, i, \cdots, n\}$
	其他成员的安全目标	$\Gamma_{u_j} : D_{skey_j}(E_{ekey}(m)) = m$
	u_i 的自配置参数	$skey_i$
	$u_j(j \neq i)$ 的自配置参数	$skey_j$
	更新成员的安全目标	$\Gamma_{u_i} : D_{skey_{i'}}(E_{ekey'}(m)) = m$
更新后 t'	KMC 安全目标	$\Gamma = \bigcup_{i=1, i \neq j}^{n} \Gamma_{u_j} \bigcup \Gamma_{u_i}, j \in \{1, 2, \cdots, i, \cdots, n\}$
	u_i 的自配置参数	$skey_i'$
	$u_j(j \neq i)$ 的自配置参数	$skey_j$

$$\begin{cases} \text{Rekey}_{KMC}^{KM}(\{skey_1, skey_2, \cdots, skey_i, \cdots, skey_n\}) \Rightarrow \Gamma \\ \text{Rekey}_{KMC}^{KM}(\{skey_1, skey_2, \cdots, skey_i, \cdots, skey_n\}) \\ \quad = \text{Rekey}_{KMC}^{KM}(\{skey_1, skey_2, \cdots, skey_i', \cdots, skey_n\}) \Rightarrow \Gamma \end{cases} \quad (3\text{-}9)$$

更新成员在密钥管理中行为的安全性表示为式（3-10）。

$$\begin{cases} \Gamma_i : D_{skey_i}(E_{ekey}(m)) = m \\ \Gamma_i : D_{skey_i}(E_{ekey}(m)) = D_{skey_i}(E_{ekey}(m)) = m \end{cases} \quad (3\text{-}10)$$

非更新成员在密钥管理中行为的安全性表示为式（3-11）。

$$\Gamma_i : D_{skey_{j, j \neq i}}(E_{ekey}(m)) = D_{skey_{j, j \neq i}}(E_{ekey'}(m)) = m \quad (3\text{-}11)$$

由此定理 3-1 得证。

3.6.4　自主单加密密钥多解密密钥更新模型

尽管 IOMRM 密钥之间具有独立性，非更新成员的私有密钥不会因更新过程失去合法性，但是在 IOMRM 更新过程中必须依赖一个强有力的实体 KMC 作为密钥更新的发起者和承担者，即使合法成员也不能利用自己的私有秘密密钥材料成功执行密钥更新过程。针对 IOMRM 的缺陷，提出了自主单加密密钥多解密密钥更新模型（Autonomic One-encryption-key Multi-decryption-key Rekeying Model，AOMRM），如图 3-10 所示。即 AOMRM 在保留 IOMRM 的密钥更新特性的同时，更新成员具有独立更新加密密钥的能力。如图 3-10 所示，密钥管理中通过密钥交互协议协商共享加密密钥，当有成员加入或退出网络时，由加入或退出成员执行密钥更新过程，注册或撤销自己的私有密钥的合法性，并且密钥更新的实施者不能威胁其他合法成员私有解密密钥的合法性，即使加入或退出节点是一个恶意成员。

定义 3-5：自主单加密密钥多解密密钥更新模型，不仅满足独立密钥更新条件，而且更新成员 u_i 在密钥更新活动 $P_{rekeying}$ 中生成的加密密钥不会破坏其他成员的私有解密密钥的合法性和有效性，无须非更新成员参与密钥更新过程。

定理 3-2：AOMRM 满足自保护性。

证明：AOMRM 具有 IOMRM 性质，是 IOMRM 的特殊形式，因此满足自保护性，定理 3-2 得证。

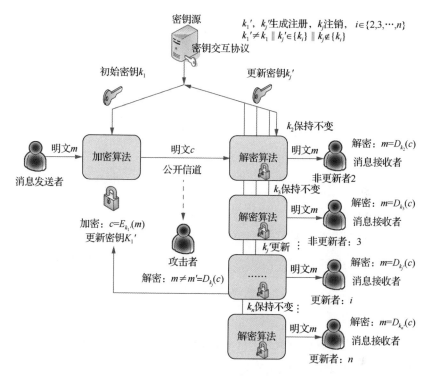

图 3-10　自主单加密密钥多解密密钥更新模型

3.6.5　IOMRM 和 AOMRM 比较

IOMRM 和 AOMRM 是 OMRM 的特例,是针对密钥更新的性能优化模型。IOMRM 和 AOMRM 在密钥更新机制上具有相同的性质,具体包括以下几个方面。

(1)公钥基础。IOMRM 和 AOMRM 都是基于单加密密钥多解密密钥加密/解密协议,具有一个加密密钥对应多个解密密钥的特性,所以加密密钥与解密密钥不同,因此它们都建立在非对称公钥加解/解密算法基础上。

（2）密钥独立性。IOMRM 和 AOMRM 的合法成员都不能破坏其他成员私有解密密钥的合法性，即非更新成员的私有解密密钥不会因为公钥的更新而失去解密的正确性，私有解密密钥具有密钥独立性，满足前向和后向安全性。

（3）具有相同的密钥结构。每个成员都具有一个私有解密密钥，所有成员共享公开加密密钥，公开加密密钥由多个合法私有解密密钥组成，私有解密密钥更新引发公开加密密钥更新，攻击者不能通过公开加密密钥计算得到解密密钥集合中的任意解密密钥。

（4）密钥更新规模有限。由于解密密钥具有独立性，因此 IOMRM 和 AOMRM 更新规模限定为加入或退出节点。由于非更新成员无须参与密钥更新过程，非更新成员无须为密钥更新支付计算开销、网络负载开销和交互延时。

（5）无须同步机制支持。由于非更新成员无须参与密钥更新过程，且更新规模为单个节点，因此网络无须同步机制支持。

同时，IOMRM 和 AOMRM 具有本质的区别，具体包括 3 个方面。

（1）不同的密钥更新发起者和资源消耗承担者。IOMRM 的密钥更新发起者和承担者只能是 KMC，KMC 支付密钥更新的网络资源开销；AOMRM 的密钥更新发起者可以是非 KMC，即加入或退出成员，因此密钥更新的网络资源开销也由加入或退出成员支付。

（2）网络成员节点能力不同。IOMRM 成员不能自主地注册和撤销其私有密钥的合法性；AOMRM 成员具有自主注册和撤销的其私有密钥合法性的能力。

（3）密钥更新策略不同。IOMRM 更新成员需要和 KMC 交互，因此不满足本地化的密钥管理；AOMRM 成员具有自主注册和撤销其私有密钥的能力，因此可在无 KMC 批准的情况下，自主实施密钥更新策略。

综上所述，IOMRM 适合具有 KMC 支持且成员计算能力较弱的密钥更新延时有限网络，而 AOMRM 适合无 KMC 支持，但成员具有一定计算能力的密钥更新延时有限网络。AOMRM 不仅具有更新范围与网络规模无关、延时短的性能优点，而且自主对公开加密密钥更新的能力使得密钥管理更为灵活，成员能够根据本地的网络环境自主地做出密钥管理决策。如表 3-2 所示，AOMRM 具有比其他 3 种更新模型在更新延时上更好的性能，但是，现有密钥管理文献中还没有符合该模型的密钥管理方案。

表 3-2　OORM、OMRM、IOMRM 和 AOMRM 性能比较

更新模型	密钥独立性	密钥关系	效率			安全性		
			交互延时	KMC	更新规模	密钥基础	自主性	成员更新密钥
OORM	不满足	1 对 1	是	是	ALL	对称密钥，公钥	否	否
OMRM	不满足	1 对多	是	是	ALL	公钥	否	否
IOMRM	满足	1 对多	是	是	单个	公钥	否	否
AOMRM	满足	1 对多	否	否	单个	公钥	是	是

3.7 总 结

本章分析了深空 DTN 实体的特点和自主密钥管理的属性，不仅具有地面无线网络密钥管理的安全性和效率，而且需要满足自主密钥管理的自组织、自配置、自保护、自优化和可视性等属性。设计基于自主的深空 DTN 密钥管理架构，自主密钥管理方案不仅可以提供可靠端到端链接的 KMC 服务，而且支持节点自主的管理密钥。分析自保护属性的内容，指出自保护属性是深空 DTN 密钥管理最重要的属性。从密钥更新角度研究 4 种密钥更新模型，基于单加密密钥多解密密钥更新模型提出独立单加密密钥多解密密钥更新模型和自主单加密密钥多解密密钥更新模型，并得出基于自主密钥更新模型的密钥管理具有更好的性能的结论。

第 4 章

基于独立的深空 DTN 密钥管理研究

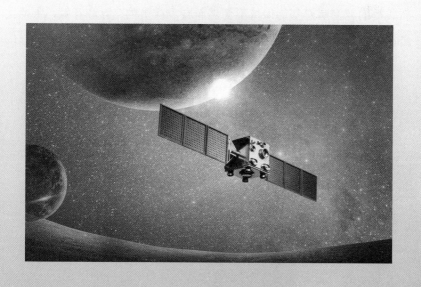

4.1 引　　言

本章在门限密钥和双线性对密钥基础上提出一种基于独立的深空 DTN 密钥管理方案。该方案是一种组播密钥管理方案，具有单加密密钥多解密密钥性质。该方案通过门限密钥的共享秘密乘积机制将一个密钥碎片表示为两个因子乘积，KMC 将其中一个因子作为解密密钥，当有成员加入或退出网络时，网络成员保持的秘密解密密钥不变，更新密钥碎片的另一个因子和公开加密密钥材料，从而保证密钥更新的前向和后向安全性。同时当每次节点变化时，共享主加密密钥都被更新，即使超出门限数量的密钥碎片被攻击者获得，也不能构造出正确的加密密钥，这就具有抗合谋攻击能力。在效率上，非密钥更新成员的秘密解密密钥保持不变进而减少成员的交互和计算，因此比传统的基于门限的单加密密钥多解密密钥在消息开销上具有更好的更新性能，适合传输时延有限的深空 DTN 的组播密钥管理。

4.2 预 备 知 识

4.2.1 双线性对

设 q 为一大素数，点 P 为 q 阶加法循环群 $(G_1, +)$ 的生成元，$(G_2, \times)$

为同阶的乘法循环群，称 $e: G_1 \times G_1 \to G_2$ 为双线性变换，$e(P,P)$ 是 G_2 的生成元，满足以下的性质[89,152]。

（1）双线性，$\forall P_1, P_2, Q \in G_1$ 和 $\forall a,b \in \boldsymbol{Z}$，满足 $e(P_1 + P_2, Q) = e(P_1, Q)$ (P_2, Q) 和 $e(aP_1, bP_2) = e(P_1, P_2)^{ab}$。

（2）非退化性，$\exists P \in G_1$，使得 $e(P,P) \neq 1$。

（3）计算有效性，$\forall P_1, P_2 \in G_1$，存在有效的算法计算 $e(P_1, P_2)$。

4.2.2　门限密钥

在门限密钥 (n,t) 协议[153]中，一个秘密密钥分成 n 份，每个成员都拥有该秘密密钥的碎片之一，当拥有的碎片数量超过门限值 t 时，可以恢复出秘密密钥；当碎片的数量少于门限值 t 时，不能恢复出秘密密钥。初始阶段，KMC 选择 t 个元素 $\{a_0, a_1, a_2, \cdots, a_{t-1}\}$，构造一个一元 $t-1$ 次多项式 $f(x) = \sum_{j=1}^{j=t-1} a_j x^j + a_0$，其中 a_0 是共享秘密密钥，为每个参与者 $user_i (i \in \{1,2,\cdots,n\})$ 分配具有唯一性的标志符 x_i，组成非零元素集合 $\pi = \{x_1, x_2, \cdots, x_n\}$。在秘密密钥碎片分发阶段，KMC 计算 $y_i = f(x_i) = \sum_{j=1}^{j=t-1} a_j x_i^j + a_0$，将值 y_i 通过安全信道发送给对应的参与者 $user_i$ 作为 a_0 的秘密密钥碎片。在秘密恢复阶段，n 个参与者中的任意 t 个成员 $\pi' = \{x_{i1}, x_{i2}, \cdots, x_{it}\}(\pi' \subset \pi)$ 使用各自的秘密密钥碎片 $\{y_{i1} = f(x_{i1}), y_{i2} = f(x_{i2}), \cdots, y_{it} = f(x_{it})\}$ 合作可以恢复出共享秘密密钥 a_0，a_0 也称为主加密密钥。根据拉格朗日插值公式 $f(x)$ 可以表示为式（4-1）。

$$f(x) = \sum_{x_i \in \pi'} y_j \prod_{x_i, x_j \in \pi', x_i \neq x_j} \frac{x - x_j}{x_i - x_j}, \quad y_i = f(x_i) \qquad (4\text{-}1)$$

显然满足式（4-2）。

$$a_0 = f(0) = \sum_{x_i \in \pi'} y_j \prod_{x_i, x_j \in \pi', x_i \neq x_j} \frac{-x_j}{x_i - x_j}, \quad y_i = f(x_i) \qquad (4\text{-}2)$$

为了计算方便，设参数 $\omega_{x_i \in \pi'}$ 为式（4-3）。

$$\omega_{x_i \in \pi'} = \prod_{x_j \in \pi', x_i \neq x_j} \frac{x - x_j}{x_i - x_j} \qquad (4\text{-}3)$$

当 $x = 0$ 时，式（4-3）表示为式（4-4）。

$$\omega_{x_i \in \pi'}(0) = \prod_{x_j \in \pi', x_i \neq x_j} \frac{-x_j}{x_i - x_j} \qquad (4\text{-}4)$$

4.2.3　共享秘密乘积

在基于门限密钥的共享秘密乘积机制中[154]，设有两个随机多项式，其系数为 $\{a_0, a_1, \cdots, a_{t_1-1}\}$ 和 $\{b_0, b_1, \cdots, b_{t_2-1}\}$，构建一元 $t_1 - 1$ 次和一元 $t_2 - 1$ 次两个方程组，$g_1(x) = \sum_{j=1}^{t_1-1} a_j x^j + a_0$ 和 $g_2(x) = \sum_{j=1}^{t_2-1} b_j x^j + b_0$，设一元 $t_1 + t_2 - 2$ 次方程 $f(x)$ 为式（4-5）。

$$f(x) = g_1(x) g_2(x) = \left(\sum_{j=1}^{t_1-1} a_j x^j + a_0 \right) \left(\sum_{j=1}^{t_2-1} b_j x^j + b_0 \right) \qquad (4\text{-}5)$$

KMC 使用门限密钥通过方程 $g_1(x)$ 对 a_0 分享，每个成员都得到 $g_1(x_i)$，为 $a_0 b_0$ 的碎片部分的一个因子。同理，通过方程 $g_2(x)$ 对 b_0 分享，每个成员都得到 $g_2(x_i)$，为 $a_0 b_0$ 的碎片部分的另一个因子，则 $g_1(x_i)g_2(x_i)$ 的值是 $a_0 b_0$ 的一个秘密密钥碎片。根据拉格朗日插值定理，$f(x)$ 可以表示为式（4-6）。

$$f(x) = \sum_{x_i \in \pi'} g_1(x_i)g_2(x_i) \prod_{x_i,x_j \in \pi',x_i \neq x_j} \frac{x - x_j}{x_i - x_j} \qquad (4\text{-}6)$$

显然满足式（4-7）。

$$a_0 b_0 = f(0) = \sum_{x_i \in \pi'} g_1(x_i)g_2(x_i) \prod_{x_i,x_j \in \pi',x_i \neq x_j} \frac{-x_j}{x_i - x_j} \qquad (4\text{-}7)$$

即超过 $t_1 + t_2 - 1$ 的秘密密钥碎片 $g_1(x_i)$ 和 $g_2(x_i)$ 能够恢复出秘密密钥 $a_0 b_0$。

4.3　IKMS–DSDTN 协议设计

本节给出基于独立的深空 DTN 密钥管理方案（Independence Key Management Scheme for Deep Space Delay Tolerate Network，IKMS-DSDTN）。系统中有一个地面控制中心 KMC 和 n 个空间实体消息接收方（卫星、探测器、飞行器等）。设 $E_k(\cdot)$ 为对称密钥加密算法，$D_k(\cdot)$ 为对称密钥解密算法，$H(\cdot)$ 为哈希函数。

4.3.1　IKMS-DSDTN 协议初始化

步骤 1：如图 4-1 所示，KMC 从整数域 Z_p 内随机选择 $\alpha + \beta$ 个随

机数 $\{a_1,a_2,\cdots,a_{\alpha-1},b_1,b_2,\cdots,b_{\beta-1},S_{k1},S_{k2}\}$ 并秘密保存，构造两个方程式，其中 $g_1(x)$ 为一元 $\alpha-1$ 次多项式， $g_2(x)$ 为一元 $\beta-1$ 次多项式，它们的形式表示为式（4-8）。

$$\begin{cases} g_1(x) = \sum_{i=1}^{\alpha-1} a_i x^i + S_{k1} \\ g_2(x) = \sum_{i=1}^{\beta-1} b_i x^i + S_{k2} \end{cases} \qquad (4\text{-}8)$$

令一元 $\alpha+\beta-2$ 次方程 $f(x)$ 为式（4-9）。

$$f(x) = g_1(x)g_2(x) = (\sum_{i=1}^{\alpha-1} a_i x^i + S_{k1})(\sum_{i=1}^{\beta-1} b_i x^i + S_{k2}) \qquad (4\text{-}9)$$

步骤 2：KMC 随机选择 $x + yn(x + y > \alpha + \beta - 2, y < \beta - 1, x > \alpha - 1)$ 个不同的元素，组成式（4-10）所示的集合形式。

$$V = \{v_{0,1}, v_{0,2}, \cdots, v_{0,i}, \cdots, v_{0,x}\} \text{ 和 } R_j = \{r_{j,1}, r_{j,2}, \cdots, r_{j,i}, \cdots, r_{j,y}\}, j \in \{1, 2, \cdots, n\}$$

$$(4\text{-}10)$$

步骤 3：KMC 将 $S_{k1}S_{k2}$ 作为主加密密钥，计算 $Q_S = S_{k1}S_{k2}P \in G_1$。

步骤 4：KMC 选择两个元素 $Q_1, Q_2 \in G_1$，计算如下值。

$$\begin{aligned} V^* &= f(V)P \\ &= g_1(V)g_2(V)P \\ &= \{g_1(v_{0,1})g_2(v_{0,1})P, g_1(v_{0,2})g_2(v_{0,2})P, \cdots, g_1(v_{0,x})g_2(v_{0,x})P\} \end{aligned} \qquad (4\text{-}11)$$

$$\begin{aligned} R_{1j}^* &= g_1(R_j)(Q_1 + Q_2) \\ &= \{g_1(r_{j,1})(Q_1 + Q_2), g_1(r_{j,2})(Q_1 + Q_2), \cdots, g_1(r_{j,y})(Q_1 + Q_2)\} \end{aligned} \qquad (4\text{-}12)$$

$$\begin{aligned} R_{2j}^* &= g_2(R_j)P \\ &= \{g_2(r_{j,1})P, g_2(r_{j,2})P, \cdots, g_2(r_{j,y})P\}, j \in \{1, 2, \cdots, n\} \end{aligned} \qquad (4\text{-}13)$$

该阶段结束后，加密者具有的参数有

$$< p,G_1,G_2,e,P,Q_1,Q_2,Q_s,V^*,\{R_{1j}^*\},\{R_{2j}^*\} > \qquad (4\text{-}14)$$

其中，Q_s 为消息发送者的加密主密钥，$R_{1j}^*,j\in\{1,2,\cdots,n\}$ 为接收者 $user_j$ 的解密密钥，如图 4-1 所示。

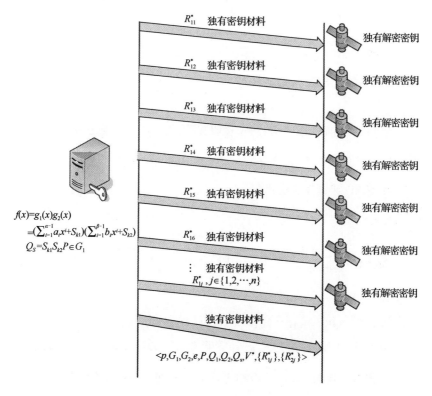

图 4-1　IKMS-DSDTN 分配私钥和计算、发布公钥

4.3.2　IKMS-DSDTN 加密阶段

当 KMC 需要向空间实体发送秘密消息 m 时，计算过程如下。

步骤 1：随机选择一个秘密数 r，计算 $Q_1^* = rQ_1$。

步骤 2：计算加密密钥 $k = (k_1, k_2) = H(id \parallel P^* \parallel Q_s \parallel r)$，计算 $c = E_{k_1}(m)$，$mac = H(m, k_2)$ 和 $\lambda = e(Q_s, Q_2)^r k$。

步骤 3：计算 $S^{**} = rS^* = \{rg_1(v_{0,1})g_2(v_{0,1})P, rg_1(v_{0,2})g_2(v_{0,2})P, \cdots,$ $rg_1(v_{0,x})g_2(v_{0,x})P\}$ 和 $R_{2j}^* = rg_2(R_j)P = \{rg_2(r_{j,1})P, rg_2(r_{j,2})P, \cdots, rg_2(r_{j,y})P\}$。

步骤 4：KMC 公布加密信息 $c^* = <c, mac, \lambda, Q_1^*, S^{**}, R_{2j}^* >$。

4.3.3 IKMS-DSDTN 解密阶段

空间实体消息接收者 $user_j$ 接收到密文后，使用自己的解密密钥 R_{1j}^* 对 $c^* = <c, mac, \lambda, Q_1^*, S^{**}, R_{2j}^* >$ 解密，得到明文 m。

步骤 1：计算加密密钥 k'。

$$k' = (k_1', k_2')$$
$$= \frac{e(Q_1^*, Q_s)\lambda}{e(Q_1 + Q_2, \sum_{i=1}^{x}\omega_{v_{0,i},\pi''}(0)rf(v_{0,i})p)\prod_{j=1}^{y}e(\omega_{r_{i,j},\pi''}(0)g_1(r_{i,j})(Q_1 + Q_2), g_2(r_{i,j})rP)}$$

$$(4\text{-}15)$$

其中 $\pi'' = \{v_{0,1}, v_{0,2}, \cdots, v_{0,x}, r_{j,1}, r_{j,2}, \cdots, r_{j,y}\}$。

步骤 2：使用密钥 k_1' 和 k_2' 计算明文 $m' = D_{k_1'}(c)$ 和 $mac' = H(m', k_2')$。

步骤 3：判断 $I = I'$ 是否相等，如果相等，接收 m' 为合法明文，否认拒绝 m'。

4.3.4 IKMS-DSDTN 密钥更新阶段

当有空间实体退出或加入网络时，网络需要更新密钥，该方案只需要 KMC 更新自己的加密材料，而空间实体无须更新自己的秘密解密密钥。如果是新节点加入网络，不失一般性，设新加入的节点为 $user_{n+1}$，更新步骤如下。

步骤 1：如图 4-2 所示，KMC 为 $user_{n+1}$ 选择 y 个随机数 $R_{n+1}=\{v_{n+1,1},v_{n+1,2},\cdots,v_{n+1,y}\}$，得到新集合 $\{R_j \mid j\in\{1,2,\cdots,n+1\}\}$。

步骤 2：KMC 撤销方程 $g_2(x)$，随机选择系数 $\{b_1',b_2',\cdots,b_{\beta-1}',S_{k_2}'\}$，得到方程 $g_2'(x)=\sum_{i=1}^{\beta-1}b_i'x^i+S_{k_2}'$，则令一元 $\alpha+\beta-2$ 次方程 $f'(x)$ 为

$$f'(x)=g_1(x)g_2'(x)=(\sum_{i=1}^{\alpha-1}a_ix^i+S_{k1})(\sum_{i=1}^{\beta-1}b_i'x^i+S_{k2}') \quad (4\text{-}16)$$

步骤 3：KMC 重新计算 V^* 和 R_{2j}^*。

$$\begin{aligned}
V^* &= f'(V)P \\
&= g_1(V)g_2'(V)P \\
&= \{g_1(v_{0,1})g_2'(v_{0,1})P, g_1(v_{0,2})g_2'(v_{0,2})P,\cdots, g_1(v_{0,x})g_2'(v_{0,x})P\}
\end{aligned} \quad (4\text{-}17)$$

$$\begin{aligned}
R_{2j}^* &= g_2'(R_j)P \\
&= \{g_2'(r_{j,1})P, g_2'(r_{j,2})P,\cdots, g_2'(r_{j,y})P\}, j\in\{1,2,\cdots,n+1\}
\end{aligned} \quad (4\text{-}18)$$

如果是节点退出网络，不失一般性，设退出节点为 $user_n$，更新步骤如下。

步骤 1：KMC 撤销方程 $g_2(x)$，将 $user_n$ 对应的值 $R_n=\{v_{n,1},v_{n,2},\cdots,v_{n,\beta}\}$ 从集合 $\{R_j \mid j\in\{1,2,\cdots,n\}\}$ 中删除。

步骤 2：KMC 随机选择系数 $\{b_1',b_2',\cdots,b_{\beta-1}',S_{k_2}'\}$，得到方程 $g_2'(x)=\sum_{i=1}^{\beta-1}b_i'x^i+S_{k_2}'$，则令一元 $\alpha+\beta-2$ 次方程 $f'(x)$ 为

$$f'(x)=g_1(x)g_2'(x)=(\sum_{i=1}^{\alpha-1}a_ix^i+S_{k1})(\sum_{i=1}^{\beta-1}b_i'x^i+S_{k2}') \quad (4\text{-}19)$$

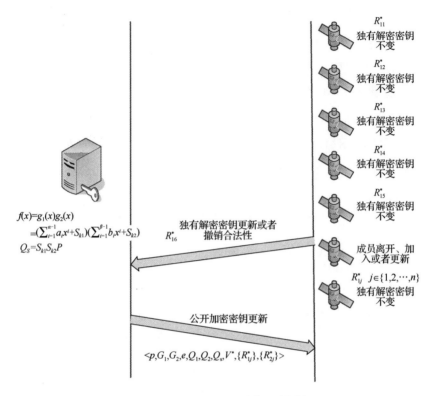

图 4-2 IKMS-DSDTN 密钥更新过程

步骤 3：KMC 重新计算 V^* 和 R_{2j}^*。

$$
\begin{aligned}
V^* &= f'(V)P \\
&= g_1(V)g_2'(V)P \\
&= \{g_1(v_{0,1})g_2'(v_{0,1})P, g_1(v_{0,2})g_2'(v_{0,2})P, \cdots, g_1(v_{0,x})g_2'(v_{0,x})P\}
\end{aligned}
\tag{4-20}
$$

$$
\begin{aligned}
R_{2j}^* &= g_2'(R_j)P \\
&= \{g_2'(r_{j,1})P, g_2'(r_{j,2})P, \cdots, g_2'(r_{j,y})P\}, j \in \{1,2,\cdots,n-1\}
\end{aligned}
\tag{4-21}
$$

4.4　IKMS–DSDTN 安全性分析

4.4.1　正确性分析

空间实体只有正确地获取解密密钥 k 才能对密文 c 解密得到明文 m，因此对明文的正确解密依赖于加密密钥获取的正确性。如果解密者具有合法的解密密钥集合 $\{R_j^*, j \in \{1,2,\cdots,n\}\}$，且已知 $\pi'' = \{v_{0,1}, v_{0,2}, \cdots, v_{0,x}, r_{i,1}, r_{i,2}, \cdots, r_{i,y}\}$，则对 k 的正确获取可以表示为

$$
\frac{e(Q_1^*, Q_s)\lambda}{e(Q_1 + Q_2, \sum_{i=1}^{i=x} \omega_{v_{0,i},\pi^*}(0) \times rf(v_{0,i})p) \prod_{j=1}^{y} e(\omega_{r_{i,j},\pi^*}(0)g_1(r_{i,j})(Q_1 + Q_2), g_2(r_{i,j})rP)}
$$

$$
= \frac{e(Q_1^*, Q_s)e(Q_s, Q_2)^r k}{e(Q_1 + Q_2, \sum_{i=1}^{x} \omega_{v_{0,i},\pi^*}(0) \times rf(v_{0,i})p) \prod_{j=1}^{y} e(\omega_{r_{i,j},\pi^*}(0)g_1(r_{i,j})g_2(r_{i,j})(Q_1 + Q_2), rP)}
$$

$$
= \frac{e(rQ_1, Q_s)e(rQ_s, Q_2)k}{e(Q_1 + Q_2, \sum_{i=1}^{x} \omega_{v_{0,i},\pi^*}(0) \times rf(v_{0,i})p)e(\sum_{j=1}^{y} \omega_{r_{i,j},\pi^*}(0)g_1(r_{i,j})g_2(r_{i,j})(Q_1 + Q_2), rP)}
$$

$$
= \frac{e(Q_1 + Q_2, rQ_s)}{e(Q_1 + Q_2, \sum_{i=1}^{x} \omega_{v_{0,i},\pi^*}(0) \times rf(v_{0,i})p)e(\sum_{j=1}^{y} \omega_{r_{i,j},\pi^*}(0)g_1(r_{i,j})g_2(r_{i,j})rP, (Q_1 + Q_2))}
$$

$$
= \frac{e(Q_1 + Q_2, rQ_s)}{e(Q_1 + Q_2, (\sum_{i=1}^{x} \omega_{v_{0,i},\pi^*}(0) \times f(v_{0,i}) + \sum_{j=1}^{y} \omega_{r_{i,j},\pi^*}(0)g_1(r_{i,j})g_2(r_{i,j}))rP)}
$$

$$
= \frac{e(Q_1 + Q_2, rQ_s)}{e(f(0)rP, (Q_1 + Q_2))}
$$

$$
= \frac{e(Q_1 + Q_2, rS_{k1}S_{k2}P)}{e(S_{k1}S_{k2}rP, (Q_1 + Q_2))}
$$

$$
= k
$$

$$
(4\text{-}22)
$$

4.4.2　被动安全性

如果攻击者能够以不可忽略的概率成功攻击该方案，也必能以不可忽略的概率成功攻击决定性双线性迪菲赫尔曼（Decisional Bilinear Diffie-Hellman，DBDH）问题[155,156]。被动攻击者如果想成功地攻击密文，则必须首先成功攻击加密密钥。已知加密过程为 $\lambda = e(Q_s, Q_2)^r k$，则设存在一个四元组 $< aP, bP, cP, Z_t, t \in \{0,1\} >$，如果 $Z_0 = e(P,P)^{abc}$，则称 $< aP, bP, cP, Z_0 >$ 为合法四元组，表示为 $< aP, bP, cP, Z_0 > \in D$；如果 $Z_1 = e(P,P)^z$，z 为一个随机数，则称 $< aP, bP, cP, Z_1 >$ 为非合法四元组，表示为 $< aP, bP, cP, Z_0 > \in R$。设攻击者成功攻击 IKMS-DSDTN 方案的概率为 ε，则以该攻击者设计模拟器分析求解 DBDH 问题成功的概率。攻击者与模拟器之间的交互过程如下。

阶段 1： 模拟器令 $Q_s = aP$，$Q_1 = bP$。随机选择随机数 $c \in Z$，按照协议的方式选择集合 V 和 R_j，设计 $\alpha - 1$ 次多项式 $g_1(x)$ 和 $\beta - 1$ 次多项式 $g_2(x)$，则 $f(x) = g_1(x)g_2(x)$ 为 $\alpha + \beta - 2$ 次多项式。输出系统公共参数为 $< p, G_1, G_2, e, P, Q_1, Q_2, Q_s, Q_P, V^*, \{R_j^*\} >$。

阶段 2： 攻击者选择两个等长密钥 k_0、k_1 发送给模拟器。

阶段 3： 模拟器抛币选择 $b \in \{0,1\}$，发送给攻击者密文 $c^* = < cP, cQ_1, Z_t k_b, rS^* >$。

阶段 4： 攻击者分析密文 c^*，返回模拟器对 b 的猜测为 b'，如果 $b' = b$，输出 $< aP, bP, cP, Z_t >$，否则输出 $< aP, bP, cP, Z_{1-t} >$。

在模拟过程中，如果 $t = 0$，则 $c = Z_0 k_b = e(Q_s, Q_2)^c k_b = e(P,P)^{abc} k_b$，说明 c 是一个合法密文；如果 $t = 1$，则 $c = Z_1 k_b = e(P,P)^z k_b$，说明 c

是一个非法密文。因此在 $t=1$ 的情况下，攻击者从非法密文中得不到任何关于 b 的有效信息，因此攻击者成功猜测 b 的概率与失败的概率是均等的，即满足式（4-23）。

$$P_r(b'=b \mid t=1) = P_r(b' \neq b \mid t=1) = 1/2 \qquad (4-23)$$

因此在 $t=1$ 时，模拟器能成功猜测 $<aP,bP,cP,Z_t>$ 是不是合法四元组的概率为：

$$P_r(<aP,bP,cP,Z_t> \in D \mid v=1) = 1/2 \qquad (4-24)$$

在 $t=0$ 时，攻击者得到的是合法明文，根据假设，攻击者攻击本方案的优势是 ε，因此满足式（4-25）。

$$P_r(b'=b \mid t=0) = 1/2 + \varepsilon \qquad (4-25)$$

在 $t=0$ 时，模拟器能成功猜测 $<aP,bP,cP,Z_t>$ 是不是合法四元组的概率为：

$$P_r(<aP,bP,cP,Z_t> \in D \mid v=0) = 1/2 + \varepsilon \qquad (4-26)$$

模拟器能区分 $<aP,bP,cP,Z_t>$ 是不是合法四元组的概率为：

$$
\begin{aligned}
&P_r(<aP,bP,cP,Z_t> \in D) \\
&= P_r(<aP,bP,cP,Z_t> \in D \text{ and } v=1) + P_r(<aP,bP,cP,Z_t> \in D \text{ and } v=0) \\
&= (1/2)P_r(<aP,bP,cP,Z_t> \in D \mid v=1) + (1/2)P_r(<aP,bP,cP,Z_t> \in D \mid v=0) \\
&= (1/2)(1/2) + (1/2)(1/2 + \varepsilon) \\
&= (1+\varepsilon)/2
\end{aligned}
$$

$$(4-27)$$

因此攻击者破解该协议的概率与模拟器攻击 DBDH 问题的概率是等价的，由于 DBDH 问题的成功攻击概率是一个可忽略的函数，因此攻击者破解该协议的概率也是一个可忽略的函数。

4.4.3　合谋攻击

合谋攻击的焦点是对加密密钥 k 的攻击。基于门限密钥的单加密多解密密钥协议 OMEDP 不能防止合谋攻击，当攻击者收集的密钥碎片超过预先制定的阈值时，攻击者能够恢复出关于主加密密钥的信息为 $S_s(Q_1+Q_2)$，从公开信道获取的关于 k 的加密信息包括 $<Q_S=S_sP, P^*=r'P, Q_1^*=rQ_1>$，攻击者破解 k 过程如下：

$$
\begin{aligned}
&\frac{e(Q_s,Q_1^*)\lambda}{e(S_s(Q_1+Q_2),r'P)} \\
&=\frac{e(Q_s,Q_1^*)e(Q_s,Q_2)^r k}{e((Q_1+Q_2),S_s r'P)} \\
&=\frac{e(S_sP,r'Q_1)e(S_sP,r'Q_2)k}{e((Q_1+Q_2),S_s r'P)} \\
&=\frac{e(S_sP,r'(Q_1+Q_1))k}{e((Q_1+Q_2),S_s r'P)} \\
&=k
\end{aligned}
\tag{4-28}
$$

由此，即使在攻击者不能得到主加密密钥的直接结果 $S_{k1}S_{k2}$ 和随机数 r 的情况下，它也可以通过收集超过门限值数量的密钥碎片成功攻击密文得到 k，因此一旦有成员退出主加密密钥 Q_S 就必须更新。

本方案中单个节点不能从密钥碎片中获取主密钥，采用基于门限密钥机制为每个成员分配主加密密钥的密钥碎片，当攻击者收集的密钥碎片数量超过门限值时，攻击者可以恢复出主加密密钥。在协议中，主加密密钥 $S_{k1}S_{k2}$ 通过 $\alpha+\beta-2$ 次函数 $f(x)$ 分成多个碎片，其中加密者得到 x 个 $S_{k1}S_{k2}$ 的碎片，ny 个 S_{k2} 的碎片，解密者得到 y 个关于 S_{k1} 的碎片，解密者由于不知道关于 S_{k2} 的碎片，因此无法事先获取 $S_{k1}S_{k2}$ 的碎片。只有在解密过程中，解密者才能得到关于 S_{k2} 的信息为碎片 $R_{2j}^* = rg_2(R_j)P = \{rg_2(r_{j,1})P, rg_2(r_{j,2})P, \cdots, rg_2(r_{j,\beta})P\}$，由于存在随机数 r，根据 DBDH 问题，解密者成功解密 R_{2j}^* 得到 $\{g_2(R_j)P\}$ 是一个可忽略的概率。因此一个解密者使用自身的密钥碎片 $y \leqslant \beta \leqslant \alpha+\beta-1$ 不足以恢复出主密钥 $S_{k1}S_{k2}$。

假使退出的节点数量超过 $\lfloor (\alpha+\beta-1)/y \rfloor$，即攻击者获得的密钥碎片超过阈值 $a+\beta-1$，则合谋攻击者得到的信息有从妥协的节点获得的关于 S_{k1} 的碎片 $R_{1j}^* = g_1(R_j)(Q_1+Q_2)$，$j \in \{1,2,\cdots,\lfloor (\alpha+\beta-1)/y \rfloor\}$ 及关于 S_{k2} 的碎片 $R_{2j}^* = r_j g_{2j}'(R_j)P$。如果 $r = r_1 = r_2 = \cdots = r_j = \cdots = r_{\lfloor (\alpha+\beta-1)/2 \rfloor}$ 且 $g_2(x) = g(x)_{21}' = g(x)_{22}' = \cdots = g(x)_{2j}' = \cdots = g(x)_{2\lfloor (\alpha+\beta-1)/2 \rfloor}'$，则攻击者使用式（4-29）。

$$
\begin{aligned}
& \frac{e(Q_1^*, Q_s)\lambda}{\prod_{i=1}^{\lfloor (\alpha+\beta-1)/y \rfloor} \prod_{j=1}^{y} e(\omega_{r_{i,j},\pi^*}(0)g_1(r_{i,j})(Q_1+Q_2), g_2(r_{i,j})rP)} \\
& = \frac{e(Q_1^*, Q_s)\lambda}{e(\sum_{i=1}^{(\alpha+\beta-1)/y} \sum_{j=1}^{y} \omega_{r_{i,j},\pi^*}(0)g_1(r_{i,j})g_2(r_{i,j})(Q_1+Q_2), rP)} \\
& = \frac{e(Q_1^*, Q_s)e(Q_s, Q_2)^r k}{e(f(0)(Q_1+Q_2), rP)} \\
& = \frac{e(Q_s, rQ_1+Q_2)k}{e(f(0)(Q_1+Q_2), rP)} \\
& = k
\end{aligned}
\tag{4-29}
$$

能够成功得到解密密钥。但是每次更新后 $r \neq r_1 \neq r_2 \neq \cdots \neq r_j \neq$

$\cdots \neq r_{\lfloor (\alpha+\beta-1)/2 \rfloor}$，$g_2(x) \neq g(x)'_{21} \neq g(x)'_{22} \neq \cdots \neq g(x)'_{2j} \neq \cdots \neq g(x)'_{2\lfloor (\alpha+\beta-1)/2 \rfloor}$，式（4-29）不成立，因此攻击者通过收集超过门限值数量碎片的合谋攻击是无法破解密钥 k 的。换句话说，每个成员退出时，KMC 都对 $g_2(x)$ 更新并得到新的方程 $g_2'(x)$，使得每一次主密钥的值都不一样，因此节点退出前获得关于 $g_2(x)P$ 的秘密碎片 $R_{2j}^* = rg_2(R_j)P = \{rg_2(r_{j,1})P, rg_2(r_{j,2})P, \cdots, rg_2(r_{j,\beta})P\}$，对于更新后 $g_2'(x)P$ 的秘密碎片求解是无价值的。攻击者可以获取超过 α 门限的关于 $g_1(x)(Q_1+Q_2)$ 的碎片，从而恢复出 $S_{k1}(Q_1+Q_2)$，但是难以恢复更新后的 $S_{k2}'P$，攻击者每次获取的关于 $S_{k2}'P$ 的碎片都是更新前的，因此保证了主密钥 $S_{k1}S_{k2}$ 的安全性。

4.4.4 前向和后向安全性

由于 OMEDP 方案不能抵御合谋攻击，因此 OMEDP 方案也不能保证前向和后向安全性，当有超过门限值数量的节点加入或退出时，它们可以合谋得到加入前或加入后的密文。在 IKMS-DSDTN 加密方案中，密文的安全性取决于加密密钥，而加密密钥不仅由主密钥 Q_s 控制，而且也受到加密者随机选择随机数 r 的控制，因此即使主密钥 Q_s 泄露，单个攻击者也不能恢复出加密密钥。方程 $f(x)$、$g_1(x)$、$g_2(x)$ 的系数对新加入者和退出者来说都是未知的，因此新加入者和退出者不能根据方程计算密钥碎片。当节点加入网络时，KMC 更新方程 $g_2(x)$，并更新对应的 $\{R_{2j}^*\}$ 值，使得新加入者在解密中使用 $R_{2n+1}^* = g_2'(R_{n+1})P = \{g_2'(r_{n+!,1})P, g_2'(r_{n+!,2})P, \cdots, g_2'(r_{n+!,y})P\}$ 只能恢复出更新后的主密钥 $Q_s' = S_{k1}S_{k2}'P$，而由于新加入者没有使用 $R_{2n+1}^* = g_2(R_{n+1})P = $

$\{g_2(r_{n+!,1})P, g_2(r_{n+!,2})P, \cdots, g_2(r_{n+!,y})P\}$，因此不能恢复出更新前的主密钥 $Q_s = S_{k1}S_{k2}P$，从而保证了密钥更新的后向安全性；同理，当节点退出网络时，KMC 更新方程 $g_2(x)$，并更新对应的 $\{R_{2j}^*\}$ 值，使得退出者在解密中只能恢复出更新前的主密钥 $Q_s = S_{k1}S_{k2}P$，而由于没有使用 $R_{2n+1}^* = g_2'(R_n)P = \{g_2'(r_{n,1})P, g_2'(r_{n,2})P, \cdots, g_2'(r_{n,y})P\}$，因此不能恢复出更新后的主密钥 $Q_s' = S_{k1}S_{k2}'P$，从而保证了密钥更新的前向安全性。

4.5　IKMS−DSDTN 效率分析

4.5.1　通信开销

在加密阶段，密文形式为 $c^* = <c, mac, \lambda, Q_1^*, S^{**}, R_{2j}^* >$，设 G_1 和 G_2 的长度为 N_1，$E_k(\cdot)$ 的输出长度为 N_2，$H(\cdot)$ 的输出长度为 N_3，则通信复杂度为 $(x + yn + 2)N_1 + N_2 + N_3$，与网络规模成线性关系。

4.5.2　计算开销

协议中双线性对运算具有较高的计算复杂度，包括倍加、模乘和指数运算。在密钥初始化中，执行两次倍加运算计算主密钥 Q_s，执行 x 次倍加运算计算 V^*，执行 ny 次倍加运算计算 $\{R_{1j}^*\}$，执行 ny 次倍加运算计算 $\{R_{2j}^*\}$，总共执行 $x + 2ny + 2$ 次双线性对倍加运算。在加密过程中，执行一次倍加运算计算 Q_1^*，执行 x 次倍加运算计算 S^{**}，执行

ny 倍加运算计算 R_{2j}^*，执行一次指数运算计算 λ，因此执行 $x+yn+1$ 次倍加运算和一次指数运算。在解密过程中，分母部分，执行 x 次倍加运算计算 $\sum_{i=1}^{x}\omega_{v_{0,i},\pi^*}(0)\times rf(v_{0,i})p$，执行 y 次倍加运算和 y 次模乘运算计算 $\prod_{j=1}^{y}e(\omega_{r_{i,j},\pi^*}(0)g_1(r_{i,j})(Q_1+Q_2),g_2(r_{i,j})rP)$，在分子部分执行一次模乘运算，所以总共执行 $x+y$ 次倍加运算和 $y+2$ 次模乘运算。

4.5.3 更新效率

IKMS-DSDTN 与 OMEDP 更新性能比较如表 4-1 所示。在 IKMS-DSDTN 方案中，非加入或退出节点无须更新自己的秘密值，因此消息开销和网络负载为零，KMC 为重新计算主密钥，需要更新对 V^* 和 R_{2j}^* 的值，新节点加入时，计算量为 $\alpha+(n+1)(\beta-1)$ 次倍加运算，节点退出时，计算量为 $\alpha+(n-1)(\beta-1)$ 次倍加运算。在 OMEDP 方案中，当有节点加入或退出时，为了前向和后向的安全性，需要重新执行一次协议，为每个成员发送新的秘密主密钥碎片，设门限密钥方程的次数也为 $\alpha+\beta-2$ 次，且加密者拥有 x 份碎片，解密者拥有 y 份碎片，因此一旦成员加入，重新选择方程计算主密钥碎片，执行 $x+(n+1)(y-1)$ 次倍加运算。同理，节点退出时，执行 $x+(n-1)(y-1)$ 次倍加运算，为网络成员重新分配秘密主密钥碎片，需要为剩余的节点通过安全信道发送 $n+1$ 次消息和 $n-1$ 次消息。每个接收者接收的密钥碎片数量都为 β，因此网络负载方面分别为 $(n+1)\beta N_1$ 和 $(n-1)\beta N_1$。从以上更新性能对比可以看出，两种方案在计算开销上等同，但 IKMS-DSDTN 在消息开销和网络负载具有更好的性能，且无须保证全网络成员在密钥管理中的同步性。

表 4-1　IKMS-DSDTN 与 OMEDP 更新性能比较

方案	辅助设备	计算开销		消息开销		网络负载	
		加入	退出	加入	退出	加入	退出
IKMS-DSDTN	KMC	$x+(n+1)y$	$x+(n+1)y$	0	0	0	0
OMEDP	KMC 和安全信道	$x+(n+1)y$	$x+(n+1)y$	$n+1$	$n-1$	$(n+1)yN_1$	$(n-1)yN_1$

4.5.4　可扩展性

密钥更新都需要有 KMC 的支持，但是在 OMEDP 方案中，更新的密钥需要通过安全信道传输，而 IKMS-DSDTN 方案无须安全信道。新加入节点只需要从 KMC 获取秘密解密密钥，无须和其他成员交互，KMC 在密钥更新中也无须对其他节点的秘密解密密钥进行更新，适合时延受限和间断连通的动态网络成员的密钥加入和退出操作。在资源消耗上，IKMS-DSDTN 方案比 OMEDP 方案需要更多的计算开销，初始化阶段多出 ny 次倍加运算，解密阶段多出 $y-1$ 次模乘运算，由于该部分开销由 KMC 承担，因此对空间网络密钥管理的影响较小，是可以容忍的。对于空间实体，密钥更新具有相同的计算开销。因此，节点的加入或退出都不会对网络的性能产生显著的影响，具有较好的可扩展性。

4.5.5 自保护性

在 IKMS-DSDTN 方案中，更新节点在更新中没有破坏其他非更新节点的私有解密密钥的合法性，即使公开的加密密钥已经被更新，但是非更新节点的秘密解密密钥仍旧可以对用该更新加密密钥加密的信息成功解密，从而保证解密密钥的合法性和有效性，且更新成员的私有解密密钥和非更新成员的私有解密密钥具有非相关性，凭借妥协私密解密密钥材料不能成功破解其他私密解密密钥。因此，IKMS-DSDTN 方案满足自保护性。

4.6 总 结

针对基于单加密密钥单解密密钥加密/解密模型的密钥管理方案在密钥更新中引发较多的交互，导致延时较长的问题。本章基于单加密密钥多解密密钥加密/解密密钥模型思想，通过门限密钥的共享秘密乘积机制和双线性对提出一种安全性更高的单加密密钥多解密密钥的组播密钥管理方案 IKMS-DSDTN。该方案保持了单加密密钥多解密密钥的性质，不同解密密钥具有对同一加密密钥解密的能力。在密钥更新上，该方案利用共享秘密乘积机制将密钥碎片分为两个因子，组成员秘密保存其中一个因子，KMC 保留另一个因子，主密钥的更新依赖 KMC 保留因子的更新，使得当有节点加入或退出时，合法成员的秘密解密密钥保持不变，减少了密钥更新时延。在安全性上，即使妥协或退出的节点数量超过门限值，合谋攻击者也只能恢复出主密钥的一个因子，而不能得到主密钥的全部因子，从而保证合谋攻击下的主密钥的安全性。进一步地，IKMS-DSDTN 方案支持前向和后向安全性和被动安全性，且无须安全信道的支持，具有比 OMEDP 更高的安全性。综上所述，IKMS-DSDTN 方案适合对密钥更新延时要求严格的动态网络。

第 5 章

基于自主的深空 DTN 密钥管理研究

第 4 章中的 IKMS-DSDTN 方案通过避免 KMC 和非更新成员间的密钥材料交互，提高密钥更新效率，具有较小延时、非同步支持和自保护的优点，但是该方案存在密钥更新必须依赖 KMC 支持的缺陷。当深空网络中 KMC 因没有可靠链路或较大延时而无法支持密钥材料传输时，IKMS-DSDTN 方案将会失败。因此，本章提出一种自主的深空 DTN 密钥管理方案，通过有限能力密钥管理中心执行单加密密钥多解密密钥交互协议，使得网络实体持有相同的加密密钥和不同的解密密钥。在保证网络安全性的前提下，当节点加入或退出时，本地节点自主地更新公开加密密钥和私有解密密钥，其他非更新节点的密钥保持不变，使得更新节点自治完成密钥更新任务，更新范围限定为单个节点，利于深空网络对密钥的管理和维护。

5.1　基于自主的深空 DTN 密钥管理协议

5.1.1　AKMSN 协议设计

基于自主的深空 DTN 密钥管理（Autonomic Shared Key Management in Space Networks，AKMSN）协议中有 3 类实体参与：合法实体 u_i（$i \in \{1, 2, \cdots, n\}$）、管理服务器 C 和公告板 B。合法实体 u_i 具有共享加密密钥和私有解密密钥，能加入或退出网络。管理服务器 C 的能力是有限的，不能覆盖全网络区域，但是管理范围包含公告板区域，对于所有的 u_i，它都是诚实可信的，并且是绝对安全的。公告板 B 具有足够的空间发布公开加密密钥信息，u_i 和 C 都可以在公告

B 上发布信息。如图 5-1 所示，该网络中的合法实体是一些环绕火星轨道的卫星，密钥管理中心建立在地球表面，因此它的控制范围是有限的，难以覆盖到火星；公告板可以是一个空间站，火星轨道上的卫星网络通过空间站与 KMC 取得联系。AKMSN 协议基于 Diffie-Hellman 协议构造，设 u_i 和 C 已经选择素数阶有限域 F_p 和乘法循环群 F_p^* 的任一生成元 g 作为密钥材料。AKMSN 协议包括 5 个阶段：密钥协商阶段、密钥加密阶段、密钥解密阶段、密钥更新阶段和密钥维护阶段。

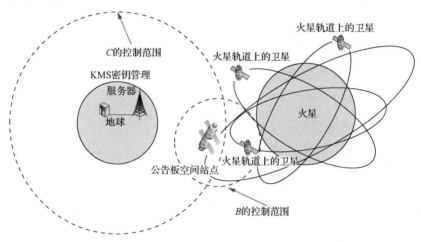

图 5-1　AKMSN 协议结构

1. 密钥协商阶段

运行前，节点 u_i 和 C 协商初始公开加密密钥 $eKey$，每个 u_i 告知 C 下一次进入公告板区域的时间周期。

步骤 1：节点 u_i 从 $[1, p]$ 域内随机选择秘密值 x_i，作为解密密钥 $sKey = x_i$，将 x_i 通过保密安全信道发送到 C，C 秘密保存。

步骤 2：C 从 $[1, p]$ 域内随机选择秘密值 t，计算 $P_0 = g^t \bmod p$，

计算以下信息 $\{P_i\}$ （ $i \in \{1,2,\cdots,n\}$ ）。

$$
\begin{cases}
P_1 = g^{p_1} \bmod p = g^{t(x_1+x_2+x_3+\cdots+x_n)} \bmod p \\
P_2 = g^{p_2} \bmod p = g^{t(x_1x_2+x_1x_3+\cdots+x_1x_n+x_2x_3+\cdots+x_{n-1}x_n)} \bmod p \\
\qquad\qquad\qquad\qquad \vdots \\
P_n = g^{p_n} \bmod p = g^{t(x_1x_2\cdots x_i\cdots x_n)} \bmod p
\end{cases}
\tag{5-1}
$$

步骤 3：C 将公开加密密钥 $eKey = \{P_i\}$ （ $i \in \{1,2,\cdots,n\}$ ）发布到公告板，并注明发布时间。

步骤 4：C 使用秘密值 x_i 计算 $P_0^i = g^{x_i t} \bmod p$ 值，并将 $\{P_0^i\}$ （ $i \in \{1,2,\cdots,n\}$ ）发表在公告板上。

该阶段结束后，网络合法成员具有相同的公开加密密钥和互不相同的私有解密密钥。

2. 密钥加密阶段

在加密阶段，u_k（$k \in \{1,2,\cdots,n\}$）从公告板获取 $\{P_i\}$ （ $i \in \{1,2,\cdots,n\}$ ）和 P_0^k，使用 x_k 解密 P_0^k 得到 $P_0 = g^t \bmod p$ 。如果需要安全通信，u_k 从 $[1,p]$ 域内选择随机数 s 和 r 作为一个秘密值，计算 $g^{p_n+s} \bmod p$ 替换参数 $P_n = g^{p_n} \bmod p$ 。对 $\{P_i \mid i \in \{1,2,\cdots,n\}\}$ 计算得到 $\{g^{rp_i} \bmod p \mid i \in \{1,2,\cdots,n\}\}$，对信息 m 加密得到 $mg^{rs} \bmod p$ 。加密者使用公开信道将加密信息 $mg^{rs} \bmod p$ 、$\{g^{rp_i} \bmod p \mid i \in \{1,2,\cdots,n\}\}$ 发布给 u_j （ $j \in \{1,2,\cdots,\cdots,n\}$ ）。该过程可以用式（5-2）表示。

$$
E_{r,s,\{g^{p_i}\}}(m) = <mg^{rs} \bmod p, \{g^{rp_i} \bmod p\}>, i \in \{1,2,\cdots,n\}
\tag{5-2}
$$

3. 密钥解密阶段

解密者 u_j （ $j \in \{1,2,\cdots,n\}$ ）持有秘密密钥 x_j （ $j \in \{1,2,\cdots,n\}$ ）解

密，解密者计算 $\{g^{rp_i x_j^{n-i}} \bmod p \mid i \in \{1,2,\cdots,n\}\}$ ，将所有的部分相乘得到 $\prod_{i=0}^{n} g^{(-1)^i rp_i x_j^{n-i}} \bmod p$ 。

由于该公式满足式（5-3）。

$$
\begin{aligned}
&\prod_{i=0}^{n} g^{(-1)^i rp_i x_j^{n-i}} \bmod p \\
&= g^{\sum_{i=0}^{n}(-1)^i rp_i x_j^{n-i}} \bmod p \\
&= g^{r\prod_{i=1}^{n} t(x_j - x_i) + rs} \bmod p
\end{aligned}
\tag{5-3}
$$

且 $x_j \in \{x_i\}$ ，则 $r\prod_{i=1}^{n}(x_j - x_i)^n + rs = rs$ ，所以满足式（5-4）。

$$
g^{r\prod_{i=1}^{n} t(x_j - x_i) + rs} \bmod p = g^{rs} \bmod p
\tag{5-4}
$$

u_j 使用式（5-5）可以对加密信息进行解密。

$$
\begin{aligned}
&mg^{rs} / \prod_{i=0}^{n} g^{(-1)^i rp_i x_j^{n-i}} \bmod p \\
&= mg^{rs} / g^{rt\prod_{i=1}^{n}(x_j - x_i) + rs} \bmod p \\
&= m
\end{aligned}
\tag{5-5}
$$

上述过程可以用式（5-6）描述。

$$
D_{x_j,\{g^{p_i}\}}(E_{t,r,s,\{g^{p_i}\}}(m)) = m, x_j \in \{x_i\}, i \in \{1,2,\cdots,n\}
\tag{5-6}
$$

4．密钥更新阶段

当新节点 u_{n+1} 加入网络时，需要使自己的秘密值 x_{n+1} 具有合法性，即能够解密加密密钥加密的信息，同时保证后向安全性。

步骤 1：新节点 u_{n+1} 从 $[1,p]$ 域内随机选择秘密值 x_{n+1} 。

步骤 2：u_{n+1} 通过安全信道向管理者 C 汇报自己的秘密值 x_{n+1} 。

步骤 3：C 随机选择秘密值 $t' \in [1, p]$，计算 $P_0' = g^{t'} \bmod p$，C 操作公告板内容，将 P_i 修改为 $P_i = ((P_i)^{t^{-1}})^{t'}$，$P_0^j = (P_0^j)^{t^{-1}t'}$。

步骤 4：C 重新计算公开加密密钥，令 $P_1' = P_1 \cdot g^{t'x_{n+1}} \bmod p$、$P_{n+1}' = (P_n)^{t'x_{n+1}}$ 和 $P_{i+1}' = P_{i+1} \cdot (g^{P_i})^{x_{n+1}} \bmod p$，其中 $i \in \{1, 2, \cdots, n\}$。

步骤 5：公告板更新公开加密密钥为 $\{P_i' | i \in \{1, 2, \cdots, n+1\}\}$，使用秘密值 $\{x_i | i \in \{1, 2, \cdots, n+1\}\}$ 计算 $P_0^i = g^{x_i t'} \bmod p$；公告板中公开 $\{P_0^i\}$ 和 $\{P_i'\}$，注明更新时间，更新后的公开密钥 $\{P_i'\}$ 为式（5-7）。

$$
\begin{cases}
P_1' = g^{p_1'} \bmod p = g^{t'(x_1 + x_2 + x_3 + \cdots + x_n + x_{n+1})} \bmod p \\
P_2' = g^{p_2'} \bmod p = g^{t'(x_1 x_2 + x_1 x_3 + \cdots + x_1 x_{n+1} + x_2 x_3 + \cdots + x_n x_{n+1})} \bmod p \\
\quad\quad\quad\quad\quad \vdots \\
P_n' = g^{p_n'} \bmod p = g^{t'(x_1 x_2 \cdots x_i \cdots x_n + x_2 x_3 \cdots x_i \cdots x_{n+1} + x_1 x_2 \cdots x_i x_{i+2} \cdots x_{n+1} + \cdots + x_1 x_2 \cdots x_{n-1} x_{n+1})} \bmod p \\
P_{n+1}' = g^{p_{n+1}'} \bmod p = g^{t'x_1 x_2 \cdots x_i \cdots x_n x_{n+1}} \bmod p
\end{cases}
$$

$$(5\text{-}7)$$

步骤 6：B_{n+1} 获取更新后的公开加密密钥 $\{P_i' | i \in \{1, 2, \cdots, n+1\}\}$ 和 P_0^{n+1}。

当新节点 u_n 退出网络时，它需要使用自己的秘密值 x_n 撤销公告板的加密密钥，保证前向安全性。撤销过程如下。

步骤 1：u_n 使用自己的秘密密钥 x_n 解密公告板中 C 发布的秘密值 P_0^n，得到 $P_0 = g^t \bmod p$。

步骤 2：令 $P_0'' = g^t \bmod p$、$P_1'' = (P_1 / g^{tx_n}) \bmod p$、$P_{n-1}'' = (P_n)^{x_n^{-1}}$，计算 $P_i'' = (P_i / (g^{p_{i-1}''})^{x_n}) \bmod p$，其中 $i \in \{1, 2, \cdots, n-1\}$。

步骤 3：C 选择秘密值 $t' \in [1, p]$，计算 $P_i'' = ((P_i'')^{t^{-1}})^{t'}$ 和 $P_0^j = ((P_0^j)^{t^{-1}})^{t'}$，其中 $j \in \{1, 2, \cdots, n-1\}$，$i \in \{1, 2, \cdots, n-1\}$。

步骤 4：C 在公告板上公开加密密钥为 $\{P_0^i = g^{x_i t'} \bmod p\}$ 和 $\{P_i''\}$，

其中 $j \in \{1, 2, \cdots, n-1\}$，$i \in \{1, 2, \cdots, n-1\}$，公告板中更新后的公开密钥 $\{P_i''\}$ 为

$$
\begin{cases}
P_1'' = g^{p_1''} \bmod p = g^{t'(x_1 + x_2 + \cdots + x_{n-1})} \bmod p \\
P_2'' = g^{p_2''} \bmod p = g^{t'(x_1 x_2 + \cdots + x_1 x_{n-1} + x_2 x_3 + \cdots + x_2 x_{n-1} + \cdots + x_{n-2} x_{n-1})} \bmod p \\
\quad\quad\quad\quad\quad\quad\quad \vdots \\
P_{n-2}'' = g^{p_{n-2}''} \bmod p = g^{t'(x_2 \cdots x_{n-1} + x_1 x_3 \cdots x_{n-1} + \cdots + x_1 x_2 \cdots x_{n-2})} \bmod p \\
P_{n-1}'' = g^{p_{n-1}''} \bmod p = g^{t' x_1 x_2 \cdots x_{n-1}} \bmod p
\end{cases}
\tag{5-8}
$$

当成员 u_n 需要更新自己的私有秘密密钥，即将 x_n 更新为 x_n'。u_n 需要将集合 $\{x_i\}$（$i \in \{1, 2, \cdots, n\}$）中的 x_n 替换为 x_n'。

步骤 1：u_n 从 $[1, p]$ 域中选择一个随机数 x_n'，通过安全信道将其发送给 C，告知 C 将 x_n 更新为 x_n'。

步骤 2：如果该请求被允许，C 执行以下的计算。

（1）C 使用 $\{P_i \mid i \in \{1, 2, \cdots, n\}\}$ 和 $\beta = x_n' - x_n$，计算 $\{P_i' \mid i \in \{1, 2, \cdots, n\}\}$。

$$
\begin{cases}
P_1' = g^{p_1 - t x_n + t x_n'} \\
P_2' = g^{p_2} g^{(p_1 - t x_n) t \beta} \\
P_3' = g^{p_3} g^{(p_2 - (p_1 - t x_n) t x_n) t \beta} \\
\quad\quad\quad\quad \vdots \\
P_i' = g^{p_i} g^{(p_{i-1} - (p_{i-2} - (\cdots (p_2 - (p_1 - t x_n) t x_n) \cdots) t x_n) t x_n) t \beta}
\end{cases}
\tag{5-9}
$$

（2）C 从 $[1, p]$ 域选择一个随机数 t'，使用 $\{x_i\}$ 计算 $P_i' = g^{p_i' t^{-1} t'} \bmod p$、$g^{t'} \bmod p$ 和 $P_0^i = g^{x_i t'} \bmod p$。

（3）C 在公告板 B 上发布更新后的公开加密密钥 $\{P_i' \mid i \in \{1, 2, \cdots, n\}\}$ 和 $\{P_0^i \mid i \in \{1, 2, \cdots, n\}\}$。

步骤 3：B 发布公开加密密钥 $\{P_i'\}$ 和 $\{P_0^i\}$，同时给出该公开加密

密钥的发布时间。P_i' ($i \in \{1, 2, \cdots, n\}$) 的值如式（5-10）所示。

$$
\begin{cases}
P_1 = g^{p_1} \bmod p = g^{t'(x_1 + x_2 + x_3 + \cdots + x_n')} \bmod p \\
P_2 = g^{p_2} \bmod p = g^{t'(x_1 x_2 + x_1 x_3 + \cdots + x_1 x_n' + x_2 x_3 + \cdots + x_{n-1} x_n')} \bmod p \\
\qquad\qquad\qquad\qquad \vdots \\
P_n = g^{p_n} \bmod p = g^{t'(x_1 x_2 \cdots x_i \cdots x_n')} \bmod p
\end{cases}
\tag{5-10}
$$

5. 密钥维护阶段

空间实体 u_i 进入公告板区域，如果节点不执行密钥更新过程，维持旧有解密密钥值，则该节点直接获取最新公开加密密钥 $\{P_i\}$ 和 $\{P_0^i\}$。如果空间实体再次进入公告板区域的时间超过预期，则由 C 执行节点退出密钥更新过程，使得超过有效期的实体的解密密钥失去解密效用。

5.1.2 AKMSN 安全性分析

引理 5-1[157]：G 是一个有限群，x 为 G 中任意一个元素，选择一个随机的生成元 g，令 $\hat{y} = g^x (\bmod p)$，得到的 $\hat{y}$ 分布和在 G 中随机选择的 y 具有相同的分布，即对任意的 $\hat{y} \in G$，有下式成立。

$$
P_r[\hat{y} = g^x (\bmod p)] = 1 / |G|
$$

定理 5-1：对于任意具有多项式时间（Probabilistic Polynomial-Time，PPT）攻击能力的攻击者，AKMSN 是安全的，即 PPT 攻击者成功破解集合 $\{x_i\}$ 中任意解密密钥 $sKey_i = x_i$ （$i \in \{1, 2, \cdots, n\}$）的概率是一个可忽略的函数。

证明：$\{P_i\}$ 可以用 $\{S_i\}$ 表示，即如果攻击者能够成功攻击 $\{S_i\}$，它也必然能够成功攻击 $\{P_i\}$ 。

$$
\begin{cases}
S_0 = g^t \bmod p \\
S_1 = \{g^{x_1} \bmod p, g^{x_2} \bmod p, \cdots, g^{x_n} \bmod p\} \\
S_2 = \{g^{x_1 x_2} \bmod p, g^{x_1 x_3} \bmod p, \cdots, g^{x_1 x_n} \bmod p, g^{x_2 x_3} \bmod p, \cdots, g^{x_{n-1} x_n} \bmod p\} \\
\qquad\qquad\qquad\vdots \\
S_n = \{g^{x_1 x_2 \cdots x_i \cdots x_n} \bmod p\}
\end{cases}
$$

$$(5\text{-}11)$$

既然 p 是一个素数，则域 Z_p 中的任意非零元素都有乘法逆元，即满足 $g^{x_i x} = g^{x_i x_j} \bmod p$ iff $xx_i = x_j x_i \bmod p$ iff $x = x_j \bmod p$。根据 $\{S_i\}$ 中的 S_1 和 S_2，PPT 攻击者随机选择值 x 成功猜测 $\{x_i\}$ 中的任意元素的概率为

$$
\begin{aligned}
P_r((S_1)^x &= S_2) \\
&= \frac{C_n^1 - 1}{C_n^2} P_r(g^{x_i x} \bmod p = g^{x_i x_j} \bmod p) \\
&= \frac{C_n^1 - 1}{C_n^2} P_r(g^x \bmod p = g^{x_j} \bmod p) \\
&= \frac{C_n^1 - 1}{C_n^2} P_r[g^x \bmod p = \hat{y}] \\
&= (C_n^1 - 1)/(C_n^2 \times |G|)
\end{aligned}
$$

$$(5\text{-}12)$$

因为 $|G| = \rho$，$\|p\| = N$ 且 $N >> n$，当 $\rho = \Theta(2^N)$ 时，则有式（5-13）。

$$
P_r((P_1)^x = P_2) = (C_n^1 - 1)/(C_n^2 \times |G|) = \frac{1}{n\rho} \leqslant negl(N) \qquad (5\text{-}13)
$$

式（5-13）中 $negl(N)$ 是一个可忽略的函数。同理，PPT 攻击者通过 S_{i-1} 和 S_i 成功猜测集合 $\{x_i\}$ 中的任意元素的概率为

$$P_r((S_{i-1})^x = S_i)$$

$$= \frac{C_n^{i-1}-1}{C_n^i}P_r(g^{x_{j_1}x_{j_2}\cdots x_{j_{i-1}}x} \bmod p = g^{x_{j_1}x_{j_2}\cdots x_{j_{i-1}}x_j} \bmod p)$$

$$= \frac{C_n^{i-1}-1}{C_n^i}P_r(g^x \bmod p = g^{x_j} \bmod p) \qquad (5\text{-}14)$$

$$= \frac{C_n^{i-1}-1}{C_n^i}P_r(g^x \bmod p = \hat{y}) < \frac{j}{n-j+1}\cdot\frac{1}{\rho} \leqslant negl(N)$$

综上所述，任意 PPT 攻击者从 $\{P_i\}$ 中得到解密密钥集合 $\{x_i\}$ 中的任意元素都是一个困难问题。

定理 5-2：AKMSN 公开加密密钥加密的信息具有私密性，即 PPT 攻击者对公开加密密钥 $\{P_i\}$ 加密的信息进行解密的成功概率为一个可忽略的函数。

证明：攻击者从公开信道获取的内容包括公开加密密钥 $\{P_i = g^{p_i} \bmod p\}$、经过加密的信息 $mg^{rs} \bmod p$ 和 $\{g^{rp_i} \bmod p\}$，其中集合 $\{g^{rp_i} \bmod p\}$ 最后一项为 $g^{rp_n+rs} \bmod p$。由于攻击者不知道秘密值 s 和 t，因此攻击者不能计算得到 $g^{rs} \bmod p$，从而破解 $mg^{rs} \bmod p$ 得到 m。$g^{rp_n+rs} \bmod p$ 中的 $p_n = t\prod_{i=1}^n x_i$，由于 r、t 和 x_i 的值未知，因此攻击者也不能从 $g^{rp_n+rs} \bmod p$ 得到 $g^{rs} \bmod p$。即使攻击者已知解密算法，代入秘密值 x_c，得到式（5-15）。

$$\prod_{i=0}^n g^{(-1)^i rp_i x_c^{n-i}+rs} \bmod p$$

$$= g^{\sum_{i=0}^n (-1)^i rp_i x_c^{n-i}} \bmod p \qquad (5\text{-}15)$$

$$= g^{r\prod_{i=1}^n t(x_c-x_i)+rs} \bmod p$$

但由于 $x_c \notin \{x_i\}$，$g^{r\prod_{i=1}^n t(x_c-x_i)+rs} \bmod p \neq g^{rs} \bmod p$，攻击者也不能从 $\{g^{rp_i} \bmod p\}$ 中破解 $g^{rs} \bmod p$ 的值。攻击者选择值集合 $\{\lambda_i\}$，满足

$\prod_{i=0}^{n}(P_i)^{\lambda_i}=g^{rs}\bmod p$ ，即 $\sum_{i=0}^{n}p_i\lambda_i=st$ ，由于 $\{p_i\}$ 是未知值，因此攻击者不能通过计算得到 $\{\lambda_i\}$ 而求出值 $g^{rs}\bmod p$ 。综上所述，攻击者不能从公开信道中得到 m 。

定理 5-3：AKMSN 满足密钥独立性，即 PPT 攻击者已知 x_i 求解 x_j 的概率是一个可以忽略的函数。

证明：首先，由于集合 $\{x_i\}$ 中的任意秘密值 x_i 是 u_i 从 $[1,p]$ 域中随机选择的，因此 $\{x_i\}$ 中的元素之间不具有相关性，已知 u_i 的值 x_i ，不能推导出 $u_j(i\neq j)$ 的值 x_j 。其次，从公开信道获取公开加密密钥 $\{P_i\}$ 求解 x_j ，假设已知除 x_j 之外的 $\{x_i\}$ ，则 P_i 可以表示为 $P_i=g^{a_ix_j+b_i}$ ，由于 $\{P_i\}$ 、 $\{a_i\}$ 和 $\{b_i\}$ 都是已知值，最终归结为根据 $g^{x_j}\bmod p$ 求解 x_j 。该问题为难解问题，因此攻击者不能使用 $\{P_i\}$ 和 x_i 求出 x_j 。所以攻击者既不能根据 x_i 求出 x_j ，也不能根据 $\{P_i\}$ 求出 x_j ，AKMSN 满足密钥独立性。因此，即使 PPT 攻击者获取一个妥协者的解密密钥 x_i ，它破解 x_j 的概率也是一个可以忽略的函数。

定理 5-4：AKMSN 具有前向安全性，PPT 退出节点解密更新后加密密钥加密信息的概率是一个可忽略的函数。

证明：节点退出网络后，退出节点不能解密退出后的加密信息。不失一般性，设退出节点为 u_n 。退出后， u_n 的秘密值 x_n 将不属于集合 $\{x_i\}$ ，即 x_n 不是方程 $f'(x)=t'\sum_{i=1}^{n-1}(x-x_i)$ 中的根，因此 u_n 利用 x_n 计算得到的信息为

$$
\begin{aligned}
&\prod_{i=0}^{n-1}g^{(-1)^i rp_i x_n^{n-i}+rs}\bmod p\\
&=g^{\sum_{i=0}^{n-1}(-1)^i rp_i x_n^{n-i}}\bmod p\\
&=g^{r\prod_{i=1}^{n-1}t(x_n-x_i)+rs}\bmod p
\end{aligned}
\tag{5-16}
$$

不满足 $g^{r\prod_{i=1}^{n-1}t(x_n-x_i)+rs}\bmod p = g^{rs}\bmod p$。因此退出节点无法利用 x_n 对新公开加密密钥的信息解密。同理，由于 t' 值由最新的公开密钥加密发布在公告板上，因此 u_n 也不能通过重新添加 x_n 作为方程式的根，使得 x_n 成为最新公开加密密钥的解密密钥。所以退出节点解密更新后加密密钥加密的信息的概率为一个可忽略的函数。

定理 5-5：AKMSN 具有后向安全性，PPT 加入节点解密加入前加密密钥加密信息的概率是一个可忽略的函数。

证明：新加入节点不能解密加入网络前的加密信息。新加入节点 u_{n+1} 通过加入更新操作将自己的秘密值 x_{n+1} 作为新方程 $f'(x) = t'\sum_{i=1}^{n+1}(x-x_i)$ 的根，因此 u_{n+1} 使用 x_{n+1} 能够解密更新公开加密密钥 $\{P_i'\}$ 加密的信息。但是 x_{n+1} 不是方程 $f(x) = t\sum_{i=1}^{n}(x-x_i)$ 的根，因此 u_{n+1} 不能使用 x_{n+1} 解密 $\{P_i\}$ 加密的信息。而且，由于 t 值由 $\{x_i\,|\,i\in\{1,2,\cdots,n\}\}$ 加密为 $\{P_0^i\}$，u_{n+1} 不具有 $\{x_i\,|\,i\in\{1,2,\cdots,n\}\}$ 中的秘密值，不能从 $\{P_0^i\}$ 获取 t 值，使得 x_{n+1} 成为方程 $f(x)$ 的根。所以新加入节点解密加入前加密密钥加密信息的概率为一个可忽略的函数。

定理 5-6：AKMSN 更新过程中，PPT 攻击者破坏非更新节点的解密密钥的正确性的概率为一个可忽略的函数。

证明：在退出更新过程中，u_n 退出后，尽管更新了公开加密密钥 $\{P_i'\}$，但是 $u_i(i\neq n)$ 的秘密值 x_i 仍旧是方程 $f'(x) = t'\sum_{i=1}^{n-1}(x-x_i)$ 的根，因此满足 $g^{r\prod_{j=1}^{n-1}t(x_i-x_j)+rs}\bmod p = g^{rs}\bmod p$。换言之，$x_i$ 仍是更新后的公开加密密钥 $\{P_i'\}$ 的解密密钥。在加入更新过程中，由于新加入节点后得到的方程 $f'(x) = t'\sum_{i=1}^{n+1}(x-x_i)$ 仍然保留 $\{x_i\,|\,i\in\{1,2,\cdots,n\}\}$ 为方程的根，u_i 仍旧可以使用自己的秘密密钥 x_i 解密新公开加密密钥加密的信息。在解密密钥值更新过程中，与加入更新过程一样，将更新密钥

替换，而非更新密钥依然是方程的根。综上所述，更新过程不会破坏非更新节点解密密钥的正确性。

定理 5-7：AKMSN 更新节点不能利用更新过程更新非更新节点的秘密值，即具有多项式攻击能力的更新节点破坏非更新节点解密密钥的正确性的概率为一个可忽略的函数。

证明：更新节点具有两种方法修改非更新节点的秘密解密密钥。第一种方法是执行密钥更新过程替换非更新节点的解密密钥。第二种方法是使用公开信道信息去除非更新节点解密密钥。在第一种方法中，由于 $\{x_i\}$ 中各解密密钥之间具有独立性，u_i 不能根据 $x_i (\in \{x_i\})$ 求解 $x_j (\in \{x_i\})$，所以 u_i 不能使用更新步骤 $P_1'' = (P_1 / g^{tx_i}) \bmod p$、$P_{n-1}'' = (P_n)^{x_i^{-1}} \bmod p$、$P_i'' = (P_i / (g^{p_{i-1}'})^{x_i}) \bmod p$ 将 x_i 从方程 $f(x)$ 中删除。在第二种方法中，设 u_1 已知 $\{P_i\}$ 和 x_1，将 $\{P_i\}$

$$\begin{cases} P_0 = g^t \bmod p \\ P_1 = g^{P_1} \bmod p \ = g^{t(x_1 + x_2 + x_3 + \cdots + x_n)} \bmod p \\ P_2 = g^{P_2} \bmod p \ = g^{t(x_1 x_2 + x_1 x_3 + \cdots + x_1 x_n + x_2 x_3 + \cdots + x_{n-1} x_n)} \bmod p \\ \quad\quad\quad\quad\quad\quad\vdots \\ P_n = g^{P_n} \bmod p \ = g^{t(x_1 x_2 \cdots x_i \cdots x_n)} \bmod p \end{cases} \quad (5\text{-}17)$$

变为以下形式，即删除 u_n 的解密密钥。

$$\begin{cases} P_1 = g^{P_1} \bmod p \ = g^{t(x_1 + x_2 + x_3 + \cdots + x_{n-1})} \bmod p \\ P_2 = g^{P_2} \bmod p \ = g^{t(x_1 x_2 + x_1 x_3 + \cdots + x_1 x_{n-1} + x_2 x_3 + \cdots + x_{n-2} x_{n-1})} \bmod p \\ \quad\quad\quad\quad\quad\quad\vdots \\ P_n = g^{P_n} \bmod p \ = g^{t(x_1 x_2 \cdots x_{n-1})} \bmod p \end{cases} \quad (5\text{-}18)$$

进一步假设 u_1 已知 $x_i (1 \leqslant i \leqslant n-2)$，未知 x_n 和 x_{n-1}，上述公式简化为式（5-19）。

$$P_i = g^{p_i} \bmod p = g^{a_i x_1 + b_i x_{n-1} + c_i x_n + d_i} \bmod p \qquad (5\text{-}19)$$

由于 a_i, b_i, c_i, d_i, x_1 已知，则上述攻击行为可以进一步简化为：u_n 能否根据 $g^{x_n + x_{n-1}} \bmod p$ 和 $g^{x_n x_{n-1}} \bmod p$ 求出 $g^{x_n} \bmod p$ 和 $g^{x_{n-1}} \bmod p$。如果 u_n 具有该能力，则 u_n 就能够判断 $g^a \bmod p$、$g^b \bmod p$ 和 $g^c \bmod p$ 之间的关系，即 $c \neq ab$，显然，这与 DDH 难解问题矛盾，所以 u_1 不能修改。综上所述，更新节点利用这两种方法都不能修改非更新节点的解密密钥，即更新节点不能破坏其他合法节点解密的正确性。

5.1.3 AKMSN 效率分析

在存储开销上，每个节点 u_i 都需要保存一个解密密钥 x_i 和一个公开加密密钥 $\{P_i\}$。解密密钥的存储空间有一个，公开加密密钥的存储空间有 $n+1$ 个，因此 AKMSN 的存储复杂度为 $O(n)$，其与网络的规模线性相关。

在交互轮数上，减少密钥交互协议的轮数可以有效减少密钥协商的延时。在初始化阶段，KMC 和每个成员交互两次，成员提交私有的秘密解密密钥，KMC 将公开加密密钥发送给公告板公布。在密钥更新阶段，在新成员加入事件中，新成员将私有秘密解密密钥发送给 KMC，KMC 重新计算公开加密密钥并发布到公告板上，网络成员更新公开加密密钥，原有成员的解密密钥保持不变；在成员退出事件中，退出成员发送退出消息给 KMC，KMC 更新公开加密密钥并发布到公告板上，现有成员的解密密钥仍旧保持不变。所以，AKMSN 的轮数与网络规模无关，是一个常数。

在计算复杂度上，在共享加密密钥协商阶段，每个成员选择一个随机数作为解密密钥，KMC 执行 $\sum_{i=1}^{n} C_{n}^{i} + 1$ 次模指数计算得到公开加密密钥。

在解密阶段，一个加密者选择两个随机数执行 $n+2$ 次模指数运算，解密者执行 $n(n-1)/2$ 次模指数运算。为了降低解密者的计算开销，KMC 可以承担一些等价的模指数运算 $\{g^{x_i}, g^{x_i^2}, \cdots, g^{x_i^n}\}$。在该情况下，KMC 的模指数运算开销增加到 $\sum_{i=1}^{n} C_{n}^{i} + (n^2+3n)/2 + 1$，而解密者的模指数运算开销降低为 n。

在密钥更新事件中，当有新成员加入时，KMC 选择一个随机数并执行 $4n+7$ 次模指数计算，加入者仅需要选择一个随机数；当有成员退出时，KMC 选择一个随机数，执行 $4n-1$ 次模指数运算；当成员需要更新自己的解密密钥时，该成员选择一个随机数，KMC 执行 $4n+3$ 次模指数运算。综上所述，AKMSN 的计算复杂度与网络的规模成线性关系。

在更新效率中，非更新成员无须参与密钥更新过程。因此，在密钥更新过程中，只有加入或退出节点与 KMC 交互执行密钥更新，使得密钥更新的规模缩减。当有新成员加入或退出时，并不需要所有成员都在公告板附近，或者 KMC 能够提供可靠的端到端链路，KMC 只需要和新加入者或退出者通信，即可及时更新公开加密密钥，非更新成员在更新过程中无须提供自身独有的秘密解密密钥，只要回到公告板附近获取公开加密密钥即可，从而降低了密钥更新对 KMC 的依赖，也无须节点密钥更新的同步性。

定理 5-8：AKMSN 满足单加密密钥多解密密钥加密/解密模型。

证明：在 AKMSN 中，所有用户持有的相同加密密钥 $\{P_i\}$，每个合法用户 u_i 持有不同的独立秘密解密密钥 x_i。根据定理 5-1 和定理 5-3，

AKMSN 中 x_i 具有独立性，PPT 攻击者发现满足性质 $x_j = R(x_i)$ 的函数 $R(\cdot)$ 的概率是一个可以忽略的函数。根据上文中密钥解密阶段公式 $D_{x_j, \{g^{p_i}\}}(E_{t,r,s,\{g^{p_i}\}}(m)) = m$ ，只要 u_j 为合法用户， x_j 属于集合 $\{x_i\}$ ，就可以对加密密钥 $\{P_i\}$ 加密的信息正确解密，保证不同合法解密密钥解密的正确性。同理，如果 x_j 不属于集合 $\{x_i\}$ ，则 x_j 不是方程 $f(x)$ 的根，即不能满足条件 $g^{r\prod_{i=1}^{n} t(x_j - x_i) + rs} \bmod p = g^{rs} \bmod p$ ，不能对秘密消息 $mg^{rs} \bmod p$ 解密。当密钥更新后，加密密钥由 $\{P_i\}$ 变为 $\{P_i'\}$ ，根据定理 5-6 和定理 5-7，非更新节点的解密密钥仍旧是方程的根，即它们仍旧可以对用加密密钥 $\{P_i'\}$ 加密的信息解密。具体的条件如以下公式所示，因此 AKMSN 满足一对多加密/解密模型的条件。

$$
\begin{cases}
eKey_i \neq eKey_j, eKey_i \in \{eKey_i\}, eKey_j \in \{eKey_i\} \\
R(eKey_i) \neq eKey_j \\
D_{sKey_i}(E_{eKey}(m)) = m \\
D_{sKey_i}(E_{eKey}(m)) = D_{sKey_j}(E_{eKey}(m)) \\
D_{sKey_k}(E_{eKey}(m)) \neq m, sKey_k \notin \{eKey_i\}
\end{cases} \Rightarrow
\tag{5-20}
$$

$$
\begin{cases}
x_i \neq x_j, x_i \in \{x_i\}, x_j \in \{x_j\} \\
R(x_i) \neq x_j \\
D_{x_i}(E_{\{P_i\}}(m)) = m \\
D_{x_i}(E_{\{P_i\}}(m)) = D_{x_j}(E_{\{P_i\}}(m)) \\
D_{x_k}(E_{\{P_i\}}(m)) \neq m, x_k \notin \{x_i\}
\end{cases}
$$

$$
\begin{cases}
D_{sKey_i'}(E_{eKey'}(m)) = m \\
D_{sKey_j}(E_{eKey'}(m)) \neq m \\
R(sKey_i) \neq sKey_i' \\
R(sKey_i') \neq sKey_j
\end{cases} \Rightarrow
\begin{cases}
D_{x_i'}(E_{\{P_i'\}}(m)) = m, x_i' \in \{x_i\} \\
D_{x_j}(E_{\{P_i'\}}(m)) = m, x_j \in \{x_i\} \\
R(x_i) \neq x_i' \\
R(x_i') \neq x_j
\end{cases}
\tag{5-21}
$$

综上所述，AKMSN 满足单加密密钥多解密密钥加密/解密模型，解决 1-affects-n 问题。

在可扩展性上，由于新成员的加入无须其他节点的参与，原有成员在更新中无须更新自己的私有秘密解密密钥，也无须参与公开加密密钥的计算，因此网络规模很容易扩展。换句话说，当网络规模变大时，网络的密钥更新性能也不会显著下降，因为 KMC 承担新成员加入的主要计算任务，选择随机数，并通过现有公开加密密钥和新成员的秘密解密密钥计算新公开加密密钥。

在网络负载上，由于 AKMSN 不存在 1-affects-n 问题，因此 AKMSN 具有较小的网络负载。只有更新成员发送消息，以及 KMC 将更新后的公开密钥消息发布。对于密钥退出操作，退出成员仅需要发送一个退出消息，KMC 发布更新后的公开加密密钥，网络负载规模为 n。对于密钥加入操作，新加入成员发送自己的解密密钥，KMC 计算新的公开加密密钥，网络负载规模为 $n+1$。由于 AKMSN 具有自主性，退出或加入节点执行加密密钥更新，其网络负载进一步降低为 1。

5.1.4　AKMSN 自主性分析

自主性是 AKMSN 方案最主要的特性，为 AKMSN 提供自保护安全属性。该方案中不仅 KMC 可以承担密钥更新任务，而且退出或加入的合法节点也可以承担密钥更新任务，使得密钥更新具有自主性，既可以依赖 KMC 完成，也可以自主地决定是否更新密钥而无须 KMC 支持。如图 5-2 所示，在成员加入事件中，u_{n+1} 已知 x_{n+1}，所以它可以通过本地计算公式 $P_1' = P_1 \times g^{t'x_{n+1}} \bmod p$，$\cdots$，$P_{i+1}' = P_{i+1} \times$

$(g^{\lambda_i})^{x_{n+1}} \bmod p$，$\cdots$，$P'_{n+1} = (P_n)^{x_{n+1}}$，（$i \in \{1,2,\cdots,n\}$）成功计算式（5-7）。在成员离开事件中，离开成员已知 x_n，它可以通过本地计算公式 $P''_0 = g^{t'} \bmod p$，$P''_1 = (P''_1 / g^{t'x_n}) \bmod p$，$\cdots$，$P''_i = (P''_i / (g^{\lambda_{i-1}^n})^{x_n}) \bmod p$，$\cdots$，$P''_{n-1} = (P''_n)^{x_n^{-1}}$，（$i \in \{2,3,\cdots,n-1\}$）成功计算式（5-8）。同理，当成员替换自己的解密密钥时，由于 u_n 已知 x_n 和 x'_n，它也能成功地计算式（5-9）。因此，一个合法的成员能够像 KMC 一样承担自己私有解密密钥的配置、更新和撤销，具有密钥管理的自主性。自主性使得密钥管理更为灵活，在深空网络的密钥管理中具有重要的意义。当与 KMC 的可靠端到端链接不可用，或者延时无法满足任务要求时，网络成员自主地决定密钥管理策略。同时自主性也无须其他非更新节点的支撑，从而大大降低了成员交互次数，提高了密钥管理效率。定理 5-7 说明 AKMSN 的自主性满足自保护安全性。

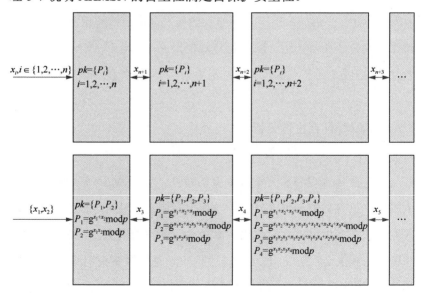

图 5-2　AKMSN 方案计算过程

5.1.5　AKMSN 性能比较

目前，几乎所有的空间密钥管理方案都是基于地面无线网络的密钥管理方案展开研究的，其特点是通过几种方案的组合提高效率。因此在性能比较中，将提出的方案与典型的几种无线密钥管理方案进行对比，如表 5-1 所示。其中，AKMSN 的交互轮数是常数，计算开销和存储开销与网络规模成线性关系。

表 5-1　AKMSN 与几种典型的无线密钥管理方案比较

方案	密钥独立性	计算开销	交互轮数	存储开销	KMC
AKMSN	支持	n	2	$n+2$	有限
Ingemarson 等	支持	n	$n-1$	1	否
GDH	支持	$n+1$	n	n	否
Octopus	支持	$3n-4$	$2\left\lceil\dfrac{n-4}{4}\right\rceil+2$	1	否
STR	支持	n	n	n	否
DH-LKH	支持	$\log_2 n$	$\log_2 n$	$\log_2 n-1$	否
BD	支持	3	2	1	否
GKMP	支持	null	1	2	在线
Secure Lock	支持	中国剩余定理	2	1	在线
LKH	支持	$2\log_2 n$	$\log_2 n$	$\log_2 n$	在线
SAKM	不支持	0	1	1	有限

续表

方案	密钥独立性	计算开销	交互轮数	存储开销	KMC
Kronos	不支持	哈希函数	0	1	离线
Probabilistic key sharing	支持	0	0	部分密钥	离线

说明：null 表示没有此项说明。

如表 5-2 所示，AKMSN 解决了 1-affects-n 问题，密钥更新规模被限定在单个加入或退出节点上，因此在密钥更新中具有较好的性能。尽管通信负载和计算开销与网络规模成线性关系，但是在密钥更新中无须所有节点参与，降低了密钥管理对 KMC、网络拓扑和同步性的依赖，甚至单个合法节点就可以完成密钥管理的更新过程。网络也可以根据当前的链路状态、资源消耗和延时等因素自主地决定由 KMC 或更新成员承担更新任务。

表 5-2　AKMSN 与几种典型的密钥管理方案更新性能对比

方案	1-affects-n	更新规模	网络负载		计算开销	
			加入	退出	加入	退出
AKMSN	No	1	$n+2$ 或 1	n 或 1	$4n+7$	$4n-1$
Ingemarson	Yes	n	$n(n+1)$	$(n-1)\times(n-2)$	$n+1$	$n-1$
GDH	Yes	n	$n(n+2)/2$	$n^2/2$	$n+2$	n
Octopus	Yes	n	$3n-4$	$3n-7$	$3n-4$	$3n-7$
STR	Yes	树高度	$n+1$	$n-i$	1	1
DH-LKH	Yes	n	$\log_2 n+1$	$\log_2 n-1$	$\log_2 n+1$	$\log_2 n-1$

续表

方案	1-affects-n	更新规模	网络负载		计算开销	
			加入	退出	加入	退出
BD	Yes	n	2	2	3	3
GKMP	Yes	n	$n+1$	$n-1$	null	null
Secure Lock	No	1	1	1	中国剩余定理	
LKH	Yes	n	$\log_2 n$	$\log_2 n$	hash	
SAKM	Yes	簇规模	簇规模	簇规模	null	null
Kronos	Yes	n	0	0	0	0
Probabilistic key sharing	Yes	n	null	null	null	null

说明：null 表示没有此项说明。

本节通过 DH 协议在多次方程基础上构造一种具有自主性的单加密密钥多解密密钥管理方案 AKMSN。该方案满足单加密密钥多解密密钥加密/解密模型的性质，协议成员具有不同的私有解密密钥和一个共同的公开加密密钥。在效率上，由于密钥更新被限定在单个成员，因此解决了 1-affects-n 问题，密钥更新过程中非更新网络成员无须中断工作参与密钥更新，也无须与 KMC 或更新成员交互，减少了密钥更新延时。在同步机制上，密钥协商和密钥更新中，成员节点无须协商统一的时间，只需要使用自身的私有密钥和公开加密密钥进行计算，就可以得到不破坏其他成员私有解密密钥合法性的新鲜公开加密密钥，无须同步机制的支持，比地面无线网络的密钥管理方式更为灵活。在安全性上，AKMSN 保证前向和后向安全性，更具有独特的自保护安全属性。总之，AKMSN 具有密钥管理自主性，密钥更新在 KMC

无法支持的情况，由更新成员自主决策在本地注册、更新和撤销私有解密密钥，有效地解决了深空 DTN 密钥管理非可靠端到端链接和更新延时受限问题。

5.2 基于自主的深空 DTN 组播密钥管理方案

本节设计逻辑密钥树优化的自主群组密钥管理（Autonomic and Optimized-LKH Group Key Management，AOGKM）方案，设在 5.1 节设计的单加密密钥多解密密钥加密/解密协议中，公钥生成过程为 $\prod(sk_1, sk_2, \cdots, sk_n) = pk$，等式左边为执行单加密密钥多解密密钥加密/解密协议，括号内的 sk_i 为解密密钥，等式右边结果为单加密密钥多解密密钥加密/解密协议的公开加密密钥，加密和解密函数为 $E_{pk}(\cdot)$ 和 $D_{sk_i}(\cdot)$。设网络成员的数量为 n。

5.2.1 AOGKM 逻辑密钥树

组网前，网络成员 u_j 向 KMC 提供独有的解密密钥 $sk_{\log_2 n+1, j}$，KMC 使用解密密钥集合 $\{sk_{\log_2 n+1, j}\}$ 执行单加密密钥多解密密钥加密/解密协议计算公开加密密钥 $\{pk_{i, j'}\}$，建立由 $\{sk_{\log_2 n+1, j}\}$ 和 $\{pk_{i, j'}\}$ 组成的逻辑密钥树。

如图 5-3 所示，基于单加密密钥多解密密钥的逻辑密钥树（One-encryption-key Multi-decryption-key Logical Key Tree，OMLKT）是一棵二叉树，与 LKH 相同的是，OMLKT 中的叶子节点对应深空 DTN 成员，具有秘密解密密钥；与 LKH 不同的是，OMLKT 中的非叶子节点对应的是公开加密密钥，如图 5-3 所示。成员 u_j 拥有解密密钥 $sk_{\log_2 n+1, j}$，$\log_2 n+1$ 为 OMLKT 的高度。OMLKT 中的非叶子节点为执行基于单加密密钥多解密密钥加密/解密协议后的公钥，因此一旦 OMLKT 中的子树的叶子节点对应的解密密钥确定，则该子树上公开加密密钥也被确定。OMLKT 的公钥满足式（5-22）。

$$
\begin{cases}
\text{TEK} = \prod(sk_{\log_2 n+1,1}, sk_{\log_2 n+1,2}, \cdots, sk_{\log_2 n+1,n}) \\
pk_{ij} = \prod(sk_{\log_2 n+1, j\times 2^{\log_2 n-i} - 2^{\log_2 n-i}+1}, \cdots, sk_{\log_2 n+1, j\times 2^{\log_2 n-i} - 2^{\log_2 n-i}+2}, \cdots, \\
\qquad sk_{\log_2 n+1, j\times 2^{\log_2 n-i}})
\end{cases}
\quad （5\text{-}22）
$$

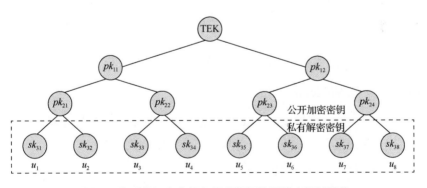

图 5-3　基于单加密密钥多解密密钥的逻辑密钥树结构

式（5-22）中的根节点对应的公开加密密钥是所有叶子节点对应私有解密密钥计算的结果。换言之，使用密钥 TEK 加密的密文可被 OMLKT 中的所有叶子节点对应的解密密钥成功解密。进一步地，一个叶子节点对应的解密密钥可以对其 OMLKT 上的所有祖先节点对应的公开加密密钥加密的信息成功解密。图 5-3 中协商的公开加密密钥满足式（5-23）。

$$\begin{cases} \text{TEK} = \prod(k_{31}, k_{32}, \cdots, k_{38}) \\ pk_{11} = \prod(k_{31}, k_{32}, k_{33}, k_{34}) \\ pk_{12} = \prod(k_{35}, k_{36}, k_{37}, k_{38}) \\ pk_{21} = \prod(k_{31}, k_{32}), pk_{22} = \prod(k_{33}, k_{34}) \\ pk_{23} = \prod(k_{35}, k_{36}), pk_{24} = \prod(k_{37}, k_{38}) \end{cases} \quad （5\text{-}23）$$

网络成员保存 OMLKT 中对应叶子节点到根节点的路径上的密钥，包括一个秘密解密密钥和 $\log_2 n$ 个公开加密密钥。

5.2.2 AOGKM 密钥加入操作

当有成员加入时，由于深空网络 KMC 无法及时有效地和网络中的所有成员取得联系，由加入节点执行密钥更新过程。设新成员为 u_x，执行以下步骤（前提是 u_x 身份已经得到合法确认，且 u_x 的密钥 $sk_{\log_2 n+1, x}$ 已经在 KMC 注册）。

步骤 1：u_x 根据在 OMLKT 中的位置，得到从叶子节点到根节点的加密密钥集合，如果 x 为奇数，则公钥集合为 $\{pk_{i, [(x+1)/2^{(\log_2 n - i+1)}]+1}\}$，如果 x 为偶数，则公钥集合为 $\{pk_{i, [x/2^{(\log_2 n - i+1)}]+1}\}$。

步骤 2：u_x 使用私有解密密钥 $sk_{\log_2 n+1, x} = k'$ 修改 $\{pk_{i, [(x+1)/(2^{\log_2 n - i+1})]+1}\}$ 或 $\{pk_{i, [x/(2^{\log_2 n - i+1})]+1}\}$。不失一般性，设 $pk_{i, [x/(2^{\log_2 n - i+1})]+1} = \{P_{i, [x/(2^{\log_2 n - i+1})]+1, 1}, P_{i, [x/(2^{\log_2 n - i+1})]+1, 2}, \cdots, P_{i, [x/(2^{\log_2 n - i+1})]+1, 2^{(\log_2 n - i)}}\}$，计算式（5-24），得到新的公钥集合 $\{pk'_{i, [(x+1)/(2^{\log_2 n - i+1})]+1}\}$ 或 $\{pk'_{i, [x/(2^{\log_2 n - i+1})]+1}\}$。

$$
\begin{cases}
P'_{i,[x/(2^{\log_2 n-i+1})]+1,1} = P_{i,[x/(2^{\log_2 n-i+1})]+1,1} \times g^{k'} \pmod{p} \\
P'_{i,[x/(2^{\log_2 n-i+1})]+1,2} = \left(P_{i,[x/(2^{\log_2 n-i+1})]+1,1}\right)^{k'} \times P_{i,[x/(2^{\log_2 n-i+1})]+1,2} \pmod{p} \\
\quad\quad\quad\quad\vdots \\
P'_{i,[x/(2^{\log_2 n-i+1})]+1,j} = \left(P_{i,[x/(2^{\log_2 n-i+1})]+1,j-1}\right)^{k'} \times P_{i,[x/(2^{\log_2 n-i+1})]+1,j} \pmod{p} \\
\quad\quad\quad\quad\vdots \\
P'_{i,[x/(2^{\log_2 n-i+1})]+1,2^{(\log_2 n-i)}} = P^{k'}_{i,[x/(2^{\log_2 n-i+1})]+1,2^{(\log_2 n-i)}} \pmod{p}
\end{cases}
\tag{5-24}
$$

步骤 3：新节点将更新后的加密密钥集合 $\{pk'_{i,[(x+1)/(2^{\log_2 n-i+1})]+1}\}$ 或 $\{pk'_{i,[x/(2^{\log_2 n-i+1})]+1}\}$ 发布，网络成员根据对应位置更新公开加密密钥。

如图 5-4 所示，当新节点 u_7 加入时，更新的公开加密密钥为 TEK、pk_{12} 和 pk_{24}。加入前 pk_{12} 为 $\{g^{k_5+k_6+k_8} \pmod{p}$，$g^{k_5 k_6+k_6 k_8+k_5 k_8} \pmod{p}$，$g^{k_5 k_6 k_8} \pmod{p}\}$，更新后 pk'_{12} 为 $\{g^{k_5+k_6+k_7+k_8} \pmod{p}$，$g^{k_5 k_6+k_6 k_8+k_5 k_8+k_5 k_7+k_6 k_7+k_8 k_7} \pmod{p}$，$g^{k_5 k_6 k_7+k_5 k_6 k_8+k_6 k_7 k_8+k_5 k_7 k_8} \pmod{p}$，$g^{k_5 k_6 k_7 k_8} \pmod{p}\}$，其他更新公钥同理。

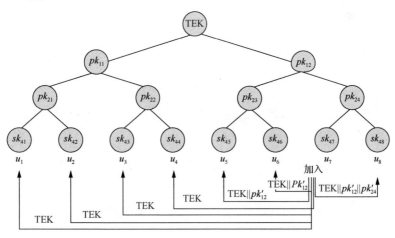

图 5-4　AOGKM 新节点加入密钥操作

5.2.3 AOGKM 密钥退出操作

AOGKM 方案由退出节点执行密钥更新过程。设退出成员为 u_x，执行以下步骤（前提是 u_x 的身份已经得到确认是合法的，并且 u_x 对应的解密密钥 $sk_{\log_2 n+1,x}$ 已经在 KMC 注册）。

步骤 1：u_x 使用密钥 TEK 执行单加密密钥多解密密钥的加密过程加密自己的密钥 $sk_{\log_2 n+1,x}$，即 $E_{\text{TEK}}(sk_{\log_2 n+1,x})$，将其发送给其他成员。

步骤 2：成员 u_j 接收 $E_{\text{TEK}}(sk_{\log_2 n+1,x})$ 后，使用解密密钥解密 $D_{sk_{\log_2 n+1,j}}(E_{\text{TEK}}(sk_{\log_2 n+1,x}))$，得到 $sk_{\log_2 n+1,x} = k'$。

步骤 3：非退出节点成员计算对应 OMLKT 中需要更新的公开加密密钥，如果 x 为奇数，则公钥集合为 $\{pk_{i,[(x+1)/(2^{\log_2 n+1})]+1}\}$；如果 x 为偶数，则公钥集合为 $\{pk_{i,[x/(2^{\log_2 n-i+1})]+1}\}$。不失一般性，设 $pk_{i,[x/(2^{\log_2 n-i+1})]+1} = \{P_{i,[x/(2^{\log_2 n-i+1})]+1,1}, P_{i,[x/(2^{\log_2 n-i+1})]+1,2}, \cdots, P_{i,[x/(2^{\log_2 n-i+1})]+1,2^{(\log_2 n-i)}}\}$，更新的计算过程如下。

$$
\begin{cases}
P'_{i,[x/(2^{\log_2 n-i+1})]+1,1} = P_{i,[x/(2^{\log_2 n-i+1})]+1,1} \times g^{-k'} (\bmod\, p) \\
P'_{i,[x/(2^{\log_2 n-i+1})]+1,2} = (P'_{i,[x/(2^{\log_2 n-i+1})]+1,1})^{-k'} \times P_{i,[x/(2^{\log_2 n-i+1})]+1,2} (\bmod\, p) \\
\quad\quad\quad\quad\vdots \\
P'_{i,[x/(2^{\log_2 n-i+1})]+1,j} = (P'_{i,[x/(2^{\log_2 n-i+1})]+1,j-1})^{-k'} \times P_{i,[x/(2^{\log_2 n-i+1})]+1,j} (\bmod\, p) \\
\quad\quad\quad\quad\vdots \\
P'_{i,[x/(2^{\log_2 n-i+1})]+1,2^{(\log_2 n-i)-1}} = P^{-k'}_{i,[x/(2^{\log_2 n-i+1})]+1,2^{(\log_2 n-i)}} (\bmod\, p)
\end{cases}
\tag{5-25}
$$

如图 5-5 所示，当节点 u_3 退出网络时，更新的公开加密密钥为 TEK、pk_{11} 和 pk_{22}。u_3 使用 TEK 执行单加密密钥多解密密钥加密/解密协议的加密过程 $E_{\text{TEK}}(sk_{33})$，由于每个成员都有 TEK 对应的解密密钥，成功解密得到 sk_{33}，每个成员使用 k_{33} 更新。例如，pk_{11} 更新前为 $\{g^{k_1+k_2+k_3+k_4}(\bmod\ p)$，$g^{k_1k_2+k_1k_3+k_1k_4+k_2k_3+k_2k_4+k_3k_4}(\bmod\ p)$，$g^{k_1k_2k_3+k_1k_2k_4+k_1k_3k_4+k_2k_3k_4}(\bmod\ p)$，$g^{k_1k_2k_3k_4}(\bmod\ p)\}$，更新后 pk_{11}' 为 $\{g^{k_1+k_2+k_4}(\bmod\ p)$，$g^{k_1k_2++k_1k_4++k_2k_4}(\bmod\ p)$，$g^{k_1k_2k_4}(\bmod\ p)\}$。

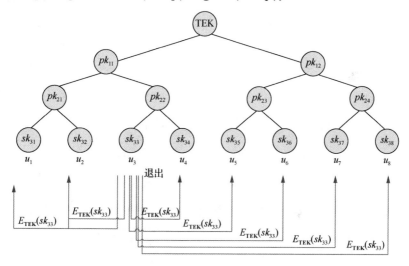

图 5-5　AOGKM 节点退出密钥操作

5.2.4　AOGKM 性能分析

LKH 和 AOGKM 方案更新性能比较如表 5-3 和表 5-4 所示。

如表 5-3 所示，关于存储开销，在 LKH 方案中，每个成员存储从叶子节点到根节点的密钥，存储开销为 $N\log_2 n$。在 AOGKM 方案中，每个成员存储一个秘密密钥和从叶子节点到根节点的公开加密密钥，公钥的体积与该公钥所在 OMLKT 的层高 l 相关，总和为 $(2+4+\cdots+2^l)+1+1=2^{l+1}$，由于 $l=\log_2 n$，所以存储开销为 $2n\times N$，与网络成员的规模成线性关系。

关于计算开销，在 LKH 方案中，KMC 需要更新从动态节点到根节点路径上的密钥，由于使用不同的加密密钥执行对称密钥加密算法，因此执行的计算量为 $2\log_2 nE_k(\cdot)$。在 AOGKM 方案中，加入节点只需使用现有的公开加密密钥执行模指数运算，计算新公开加密密钥并公开，无须执行加解密计算，计算量与加密密钥的层次相关，计算开销总和为 $(2+4+\cdots+2^l)=2^{l+1}-2$，即为 $2(n-2)$，退出过程的计算开销类似加入过程，但是增加了对 $E_{\text{TEK}}(k')$ 的解密过程，计算开销为 n，第 $\log_2 n$ 层的公开加密密钥无须计算，且每层的模指数运算减少一次，因此 AOGKM 计算开销总和为 $[(4-1)+(8-1)+\cdots+(2^l-1)]=2^{l+1}-l-2$，即计算开销为 $3n-\log_2 n-2$，AOGKM 方案的计算开销与成员的规模成线性关系，退出过程的计算量大于加入过程的计算量。

表 5-3　LKH 和 AOGKM 方案更新性能对比（消息开销和网络负载开销）

方案	消息开销		网络负载开销	
	加入	退出	加入	退出
LKH	$2\log_2 n$	$2\log_2 n$	$2N\log_2 n$	$2N\log_2 n$
AOGKM	$\log_2 n$	1	$2N\times(n-2)$	$N\times(n+2)$

如表 5-4 所示，关于网络负载开销，在 LKH 方案中，网络负载开销为 $2N\log_2 n$。在 AOGKM 方案中，加入节点发布从叶子节点到根节点的公开加密密钥，每个公开加密密钥的体积与层次相关，总的网络负载为 $(2+4+\cdots+2^l)=2^{l+1}-2$，即为 $2N(n-2)$；在退出过程中，退出节点发布 $E_{\text{TEK}}(k')$，该消息体积为 $n+2$。AOGKM 方案的网络负载开销与网络规模成线性关系。

表 5-4　LKH 和 AOGKM 方案更新性能对比（存储开销和计算开销）

方案	计算开销		存储开销
	加入	退出	
LKH	$2\log_2 nE_k(\cdot)$	$2\log_2 nE_k(\cdot)$	$N\log_2 n$
AOGKM	$(2n-2)\text{Mod}$	$3n-\log_2 n-2$	$2nN$

关于消息开销，在 LKH 方案中，无论退出或加入，KMC 都需要更新从动态节点到根节点路径上的密钥，由于使用不同的加密密钥执行对称密钥加密算法，更新消息的开销为 $2\log_2 n$。在 AOGKM 方案中，加入过程，由新加入节点发布更新后的公开加密密钥，由于公开加密密钥无须保密，因此，更新消息开销为 $\log_2 n$；在退出过程中，退出节点通过 TEK 加密自身的解密密钥并发布，更新消息开销为 1。对比 LKH 方案，AOGKM 方案降低更新开销，减少了密钥更新的延时，而且退出消息开销为常数，与网络规模无关，因此 AOGKM 方案更适合对延迟要求苛刻的网络。

设密钥和密钥材料的单位体积为 N，$E_k(\cdot)$ 为对称密钥加密算法。单加密密钥多解密密钥加密/解密协议的计算开销主要指模指数运算（Mod）。

对比 LKH 方案，AOGKM 方案最大的优点不仅仅体现在降低更新消息开销，而是在群组密钥管理中，无须 KMC 的支持，群组密钥就可以安全地实现更新。考虑到 KMC 建立可靠端到端链接的长延时、间断和无法预测，AOGKM 方案只需要退出或加入节点时执行密钥更新，无须 KMC 和退出/加入节点间可靠连接，实现了群组密钥管理的自主化，而且 AOGKM 方案保证了群组密钥管理的前向和后向安全性。同时 AOGKM 方案对计算量和存储量需求较高，公开加密密钥初始化过程需要执行较多的计算，这部分工作可以由 KMC 来执行，充分利用了 KMC 功能较强，但无法提供实时服务的特点。

5.2.5　AOGKM 自主性

　　由于深空网络的能量消耗受到严格限制，在 AOGKM 方案中，退出节点使用 TEK 加密和解密密钥，虽然可以减少消息开销，但是计算量最大。AOGKM 方案支持更为灵活的更新方式，平衡计算开销和消息开销，退出节点也可以根据自身能量水平和更新延时要求，选择 OMLKT 中其他层次的公开加密密钥传送解密密钥，其代价是消息开销的增加。其性能对比如表 5-5 所示。当密钥更新对更新时延要求苛刻时，选用较高层次的密钥加密，如第 0 层 TEK，消息开销为 1，而解密计算开销较大，为 $3n - \log_2 n - 4$；如果密钥更新中能量消耗受到限制，则可以使用较低层次的公开加密密钥，但是消息开销增加，如使用第 $\log_2 n$ 层，加密计算开销降低为 $2n - \log_2 n - 2$，但是消息开销为 $n / 2$。对于离开节点，在任意层次其计算量始终为 $n+1$。相邻层次性能关系为：第 i 层的更新消息开销是第 $i-1$ 层的 1 倍，但是计算开销比 $i-1$ 层的减少 $n / 2^{i+1}$。因此，在 AOGKM 方案中，消息开销和计算开销成反比例关系，网络成员可以根据环境的变化在计算开销和消息开销间折中，具有自优化的属性。

表 5-5　AOGKM 选择 OMLKT 不同层次加密密钥的消息和计算开销

层次	公开加密密钥	消息开销	计算开销
0	TEK	1	$3n - \log_2 n - 4$

续表

层次	公开加密密钥	消息开销	计算开销
1	$\{pk_{11}, pk_{12}\}$	2	$5n/2 - \log_2 n - 4$
2	$\{pk_{21}, pk_{22}, pk_{23}, pk_{24}\}$	4	$9n/4 - \log_2 n - 4$
$\vdots$	$\vdots$	$\vdots$	$\vdots$
i	$\{pk_{ij} \mid j \in \{1,2,\cdots,2^i\}\}$	$n/2^{i+1}$	$(2^{i+1}+1)n/2^i - \log_2 n - 4$
$\vdots$	$\vdots$	$\vdots$	$\vdots$
$\log_2 n$	$\{pk_{ij} \mid j \in \{1,2,\cdots,n\}\}$	$n/2$	$2n - \log_2 n - 2$

本节提出一种基于单加密密钥多解密密钥加密/解密协议的组播密钥管理方案，KMC 承担群组密钥初始化工作，建立逻辑密钥树，为组成员发布私有解密密钥和多个公开加密密钥，降低了组成员的网络资源开销。由于组成员能够使用解密密钥修改逻辑密钥树中从自身叶子节点到根节点的加密密钥，因此当有成员加入或退出时，该节点能够自主地修改公开加密密钥，更新过程无须 KMC 的端到端的可靠连接支持。对比 LKH 方案，AOGKM 方案加入更新消息降低一半，退出更新消息为常量，与网络规模无关，减少密钥更新时延，且退出节点可根据网络环境在消息开销和计算开销间折中。在安全性上，该方案支持群组密钥管理的独立性以及前向和后向安全性。综上所述，AOGKM 方案比 LKH 方案更适合深空 DTN 群组密钥管理应用。

5.3　基于自组织的深空 DTN 密钥协商协议

本节针对网络合并/分裂密钥操作，提出一种基于自组织的深空网络密钥协商协议（Self-organized Key Agreement Protocol for Deep Space Networks，SKAPDSN）。该协议为网络所有成员分配唯一的解密密钥，并协商公开的共享加密密钥，具有解密密钥集合中的任意解密密钥都能对加密密钥加密的密文成功解密的特性。该协议支持无交互的密钥更新过程，网络成员无须因加密密钥的更新而更新私有解密密钥。当网络合并时，合法成员只需合并公开的加密密钥材料就能计算出新的加密密钥；当网络分裂时，合法成员只需从公开密钥材料中选择部分材料就能计算出新的加密密钥。密钥更新中，无须节点使用私有密钥进行计算，具有前向和后向安全性以及密钥独立性。因此，该协议适合对网络延时要求严格，且支持机会连接动态网络中无KMC 支撑。

5.3.1 SKAPDSN 设计

在初始化阶段，系统为成员分配秘密解密密钥和公开加密密钥。设 q 为一大素数，P 为 q 阶加法循环群 $(G_1,+)$ 的生成元，$(G_2,\times)$ 为同阶的乘法循环群，称 $e:G_1 \times G_1 \rightarrow G_2$ 为双线性变换，$e(P,P)$ 是 G_2 的生成元。

步骤 1：KMC 从域 Z_p 中选择 n 个随机数 x_i，计算公钥材料 $\{S_1=\{x_i p\}, S_2=\{x_{i_1} x_{i_2} p\}, \cdots, S_n=\{x_{i_1} x_{i_2} \cdots x_{i_n} p\}\}$，从域 Z_p 内选择随机数 u 和 s，计算 up 和 sp。

步骤 2：KMC 通过安全信道将秘密解密密钥 x_i 传输给用户 $user_i$。

步骤 3：KMC 公开加密密钥 $pk = <\{S_i\}, up, sp>$。

在加密阶段，加密者使用公钥 pk 对明文 m 进行加密。

步骤 1：加密者从域 Z_p 中内随机选择一个随机数 r，对明文使用式（5-26）进行加密。

$$c = e(up, sp)^r \times m \qquad (5\text{-}26)$$

步骤 2：加密者对 $\{S_i\}$ 进行计算。

$$
\begin{cases}
S_0' = rp \\
S_1' = s_1 p = r(x_1 + x_2 + x_3 + \cdots + x_n)p \\
S_2' = s_2 p = r(x_1 x_2 + x_1 x_3 + \cdots + x_1 x_n + x_2 x_3 + \cdots + x_{n-1} x_n)p \\
\qquad\qquad\vdots \\
S_n' = r(x_1 x_2 \cdots x_i \cdots x_n + u)p
\end{cases}
\qquad (5\text{-}27)
$$

步骤 3：加密者将密文 $c^* = <\{S_i'\}, c>$ 发送给解密者。

在解密阶段，解密者使用解密密钥 x_j 解密，解密计算过程如下。

$$c / \prod_{i=0}^{n} e((x_j^{n-i}) S_i', sp)$$

如果 x_j 是秘密解密密钥集合中的一个，即满足 $x_j \in \{x_i\}$，则解密者能够成功对密文解密。该协议具有单加密密钥多解密密钥的特性。

网络拓扑发生变化有 4 种情况，分别为加入、退出、合并和分裂。加入和退出是合并和分裂的特殊情况，即分裂或合并的网络规模为 1。密钥合并和分裂操作也是深空 DTN 必不可少的密钥管理内容。例如，轨道卫星网络和地面探测网络利用机会相遇合并为一个网络，由于相遇的时间极其苛刻，因此为建立安全信道的密钥协商过程必须具有较少的延时和交互轮数。

5.3.2　SKAPDSN 密钥合并操作

共享加密密钥快速协商有利于数据的快速传输。当两个网络 Group1 和 Group2 合并为一个网络时,执行密钥合并操作,它们的规模分别为 n 和 m,如图 5-6 所示。网络成员协商共享的加密密钥,而群成员的秘密解密密钥则保持不变。

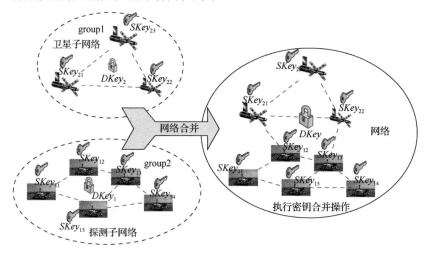

图 5-6　自组织密钥管理网络合并密钥操作

设合并前,网络 Group1 的公钥材料为 $pk_1 = \{\{s_{2i_1}p\},\{s_{2i_1}s_{2i_2}p\},\cdots,$ $\{s_{2i_1}s_{2i_2}\cdots s_{2i_k}p\},\cdots,\{s_{2i_1}s_{2i_2}\cdots s_{2i_n}p\},u_1p,s_1p\}$,网络 Group2 的公钥材料为 $pk_2 = \{\{s_{2i_1}p\},\{s_{2i_1}s_{2i_2}p\},\cdots,\{s_{2i_1}s_{2i_2}\cdots s_{2i_k}p\},\cdots,\{s_{2i_1}s_{2i_2}\cdots s_{2i_m}p\},u_2p,s_2p\}$。网络成员已经预先计算出以下值。

$$\begin{cases} S_{2,e1} = e(p,p)^{(x_{2i_1}+x_{2i_2}+x_{2i_3}+\cdots+x_{2i_n})} \\ S_{2,e2} = e(p,p)^{(x_{2i_1}x_{2i_2}+x_{2i_1}x_{2i_3}+\cdots+x_{2i_1}x_{2i_n}+x_{2i_2}x_{2i_3}+\cdots+x_{2i_{n-1}}x_{2i_n})} \\ \quad\vdots \\ S_{2,en} = e(p,p)^{x_{2i_1}x_{2i_2}\cdots x_{2i_n}} \end{cases} \tag{5-28}$$

和

$$\begin{cases} S_{2,e1} = e(p,p)^{(x_{1i_1}+x_{1i_2}+x_{1i_3}+\cdots+x_{1i_m})} \\ S_{2,e2} = e(p,p)^{(x_{1i_1}x_{1i_2}+x_{1i_1}x_{1i_3}+\cdots+x_{1i_1}x_{1i_m}+x_{1i_2}x_{1i_3}+\cdots+x_{1i_{m-1}}x_{1i_m})} \\ \qquad\qquad\vdots \\ S_{2,en} = e(p,p)^{x_{1i_1}x_{1i_2}\cdots x_{1i_n}} \end{cases} \tag{5-29}$$

步骤 1： Group1 中成员从 Group2 中获取公钥材料 $\{\{s_{2i_1}p\},\{s_{2i_1}s_{2i_2}p\},\cdots,\{s_{2i_1}s_{2i_2}\cdots s_{2i_k}p\},\cdots,\{s_{2i_1}s_{2i_2}\cdots s_{2i_m}p\},\{S_{2,ei}\},u_2p,s_2p\}$；Group2 中成员从 Group1 中获取公钥材料 $pk_2=\{\{s_{1i_1}p\},\{s_{1i_1}s_{1i_2}p\},\cdots,\{s_{1i_1}s_{1i_2}\cdots s_{1i_k}p\},\cdots,\{s_{1i_1}s_{1i_2}\cdots s_{1i_n}p\},\{S_{1,ei}\}\}$。

步骤 2： 网络所有成员使用共享的公开加密密钥材料按以下公式计算。

第 1 项为

$$\begin{aligned} S_{e1} &= S_{1,e1}\times S_{2,e2} \\ &= \prod_{i=1}^{n}e(x_{1i}p,p)\prod_{i=1}^{m}e(x_{2i}p,p) \\ &= e(p,p)^{s_{e1}} \end{aligned} \tag{5-30}$$

第 2 项为

$$\begin{aligned} S_{e2} &= S_{1,e2}\times S_{2,e2}\times \prod_{i\neq j}^{1i_1\in\{1,2,\cdots,n\},2i_1\in\{1,2,\cdots,m\}}e(x_{1i_1}p,x_{2i_1}p) \\ &= e(p,p)^{\sum_{i\neq j}^{1i_1\in\{1,2,\cdots,n\},2i_1\in\{1,2,\cdots,m\}}x_ix_j} \\ &= e(p,p)^{s_{e2}} \end{aligned} \tag{5-31}$$

第 $i(\leq m)$ 项为

$$\begin{aligned} S_{ei} = S_{1,ei}\times S_{2,ei}\times & \\ \prod e(x_{1i_1}x_{1i_2}\cdots x_{1i_{i-1}}p,x_{2i_1}p)\times & \\ \prod e(x_{1i_1}x_{1i_2}\cdots x_{1i_{i-2}}p,x_{2i_1}x_{2i_2}p)\times\cdots\times & \\ \prod e(x_{1i_1}p,x_{2i_1}x_{2i_2}\cdots x_{1i_{i-1}}p) & \end{aligned} \tag{5-32}$$

第 $i(n \geqslant i \geqslant m)$ 项为

$$
\begin{aligned}
S_{ei} = S_{1,ei} \times \prod & e(x_{1i_1} x_{1i_2} \cdots x_{1i_{i-1}} p, x_{2i_1} p) \times \\
\prod & e(x_{1i_1} x_{1i_2} \cdots x_{1i_{i-2}} p, x_{2i_1} x_{2i_2} p) \times \cdots \times \\
\prod & e(x_{1i_1} p, x_{2i_1} x_{2i_2} \cdots x_{1i_{i-1}} p)
\end{aligned}
\tag{5-33}
$$

第 $i(i \geqslant n)$ 项为

$$
\begin{aligned}
S_{ei} = S_{1,ei} \times \prod & e(x_{1i_1} x_{1i_2} \cdots x_{1i_{i-1}} p, x_{2i_1} p) \times \\
\prod & e(x_{1i_1} x_{1i_2} \cdots x_{1i_{i-2}} p, x_{2i_1} x_{2i_2} p) \times \cdots \times \\
\prod & e(x_{1i_1} p, x_{2i_1} x_{2i_2} \cdots x_{1i_{i-1}} p)
\end{aligned}
\tag{5-34}
$$

第 $n+m$ 项为

$$
\begin{aligned}
S_{en+m} &= e(x_{1i_1} x_{1i_2} \cdots x_{1i_n} p, x_{2i_1} x_{2i_2} \cdots x_{2i_m} p) \\
&= e(p,p)^{\prod_{i \in \{1i_1, 1i_2, \cdots, 1i_n, 2i_1, 2i_2, \cdots, 2i_m\}} x_i}
\end{aligned}
\tag{5-35}
$$

步骤 3：合并后的网络成员拥有该网络的公开加密密钥 $pk =< S_{ei}, (u_1+u_2)p, (s_1+s_2)p >$

$$
\begin{cases}
S_{e1} = e(p,p)^{s_{e1}} = e(p,p)^{\sum_{i \in \{i_1, i_2, \cdots, i_n, j_1, j_2, \cdots, j_n\}} x_i} \\
S_{e2} = e(p,p)^{s_{e2}} = e(p,p)^{\sum_{i_k, j_k \in \{i_1, i_2, \cdots, i_n, j_1, j_2, \cdots, j_n\}} x_{i_k} x_{j_k}} \\
\quad\quad \vdots \\
S_{en+m} = e(p,p)^{s_{en+m}} = e(p,p)^{\prod_{i_k, j_k \in \{i_1, i_2, \cdots, i_n, j_1, j_2, \cdots, j_n\}} x_{i_k} x_{j_k}}
\end{cases}
\tag{5-36}
$$

例如，设有两个网络 Group1 和 Group2 合并，每个群体都有两个成员，即 Group1 成员有 $user1$ 和 $user2$，它们对应的各自私有密钥为 x_1

和 x_2，Group2 成员有 user3 和 user4，它们对应的各自私有密钥为 x_3 和 x_4。Group1 中公开加密密钥材料为 $\{s_1 p, s_2 p, s_1 s_2 p\}$，Group2 中的公开加密密钥材料为 $\{s_3 p, s_4 p, s_3 s_4 p\}$，则所有成员计算以下公式。

$$
\begin{aligned}
S_{e1} &= e(x_1 p, p)e(x_2 p, p)e(x_3 p, p)e(x_4 p, p) \\
&= e(p, p)^{(x_1 + x_2 + x_3 + x_4)}
\end{aligned}
\tag{5-37}
$$

$$
\begin{aligned}
S_{e2} &= e(x_1 x_2 p, p)e(x_3 x_4 p, p)e(x_1 p, x_4 p)e(x_1 p, x_3 p)e(x_2 p, x_3 p)e(x_2 p, x_4 p) \\
&= e(p, p)^{(x_1 x_2 + x_1 x_3 + x_1 x_4 + x_2 x_3 + x_2 x_4 + x_3 x_4)}
\end{aligned}
$$
$$
\tag{5-38}
$$

$$
\begin{aligned}
S_{e3} &= e(x_1 x_2 p, x_3 p)e(x_1 x_2 p, x_4 p)e(x_3 x_4 p, x_1 p)e(x_3 x_4 p, x_2 p) \\
&= e(p, p)^{(x_1 x_2 x_3 + x_1 x_2 x_4 + x_1 x_3 x_4 + x_2 x_3 x_4)}
\end{aligned}
\tag{5-39}
$$

$$
S_{e4} = e(x_1 x_2 p, x_3 x_4 p) = e(p, p)^{(x_1 x_2 x_3 x_4)}
\tag{5-40}
$$

5.3.3　SKAPDSN 密钥分裂操作

深空 DTN 的密钥分裂操作需要较小的延时和较少的交互过程，这是因为尽快地建立安全信道能够为机会通信提供更多的时间。当网络分裂为两个子网 Group1 和 Group2 时，执行密钥分裂操作，Group1 和 Group2 根据公开的加密密钥材料协商分裂后子网络的新公开加密密钥，如图 5-7 所示。

由于协商使用的公开加密密钥材料是分裂前公开加密密钥的子集，因此成员间无须交互密钥材料，成员使用现有公开加密密钥直接计算更新后的加密密钥。设分裂后，网络 Group1 的公钥材料为 $\{\{s_{1i_1} p\}, \{s_{1i_1} s_{1i_2} p\}, \cdots, \{s_{1i_1} s_{1i_2} \cdots s_{1i_k} p\}, \cdots, \{s_{1i_1} s_{1i_2} \cdots s_{1i_n} p\}\}$，网络 Group2 的公钥材料为 $\{\{s_{2i_1} p\}, \{s_{2i_1} s_{2i_2} p\}, \cdots, \{s_{2i_1} s_{2i_2} \cdots s_{2i_k} p\}, \cdots, \{s_{2i_1} s_{2i_2} \cdots s_{2i_m} p\}\}$。

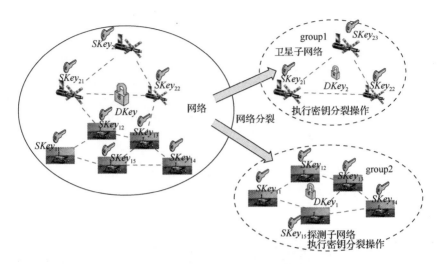

图 5-7　自组织密钥管理网络分裂密钥操作

网络成员已经预先计算出以下密钥材料值。

$$\begin{cases} S_{2,e1} = e(p,p)^{(x_{2i_1}+x_{2i_2}+x_{2i_3}+\cdots+x_{2i_n})} \\ S_{2,e2} = e(p,p)^{(x_{2i_1}x_{2i_2}+x_{2i_1}x_{2i_3}+\cdots+x_{2i_1}x_{2i_n}+x_{2i_2}x_{2i_3}+\cdots+x_{2i_{n-1}}x_{2i_n})} \\ \qquad\qquad\vdots \\ S_{2,en} = e(p,p)^{x_{2i_1}x_{2i_2}\cdots x_{2i_n}} \end{cases} \qquad (5\text{-}41)$$

和

$$\begin{cases} S_{2,e1} = e(p,p)^{(x_{1i_1}+x_{1i_2}+x_{1i_3}+\cdots+x_{1i_m})} \\ S_{2,e2} = e(p,p)^{(x_{1i_1}x_{1i_2}+x_{1i_1}x_{1i_3}+\cdots+x_{1i_1}x_{1i_m}+x_{1i_2}x_{1i_3}+\cdots+x_{1i_{m-1}}x_{1i_m})} \\ \qquad\qquad\vdots \\ S_{2,en} = e(p,p)^{x_{1i_1}x_{1i_2}\cdots x_{1i_m}} \end{cases} \qquad (5\text{-}42)$$

式（5-42）中 $\{S_{1,ei}\}$ 和 $\{S_{2,ei}\}$ 为 Group1 和 Group2 的公开加密密钥。

例如，设有网络 Group 分裂为两个子网络 Group1 和 Group2，每个群体有多个成员，即 Group1 的成员有 $user1$ 和 $user2$ ，它们对应的各自私有密钥为 x_1 和 x_2 ，Group2 的成员有 $user3$ 、$user4$ 和 $user5$ ，它们对应的各自私有密钥为 x_3 、 x_4 和 x_5 。分裂前 Group 公钥材料有 $\{s_1p,s_2p,s_3p,s_4p,\ s_5p,s_1s_2p,\ s_1s_3p,\ s_1s_4p,s_1s_5p,\ s_2s_3p,\ s_2s_4p,s_2s_5p,\ s_3s_4p,s_3s_5p,s_4s_5p\}$ ，则 Group1 子群成员拥有公开加密密钥材料 $\{s_1p,s_2p,s_1s_2p\}$ ， Group2 子群成员拥有公开加密密钥材料 $\{s_3p,s_4p,\ s_5p,s_3s_4p,s_3s_5p,s_4s_5p\}$ ，它们都是分裂前 Group 公钥材料的子集。则所有成员计算公式如下。

子网 Group1 的公钥为（ $S_{e1,group1}=e(x_1p,p)e(x_2p,p)=e(p,p)^{(x_1+x_2)}$ ， $S_{e2,group1}=e(x_1p,x_2p)=e(p,p)^{x_1x_2}$ ），Group2 的公钥为（ $S_{e1,group2}=e(x_3p,p)$ $e(x_4p,p)e(x_5p,p)=e(p,p)^{(x_3+x_4+x_5)}$ ， $S_{e2,group2}=e(x_3p,x_4p)e(x_4p,x_5p)$ $e(x_3p,x_5p)=e(p,p)^{x_3x_4+x_3x_5+x_4x_5}$ ， $S_{e3,group2}=e(x_3p,x_5x_4p)\,e(p,p)^{x_3x_4x_5}$ ）。

5.3.4　SKAPDSN 解密正确性

在解密公式 $c/\prod_{i=0}^{n}e((x_j^{n-i})S_i',sp)$ 中，解密密钥 x_j 满足 $x_j\in\{x_i\}$ ，分母为式（5-43）。

$$\prod_{i=0}^{n}e((x_j^{n-i})S_i',sp)=e(\sum_{i=0}^{n}x_j^{n-i}s_i'\,p,sp)$$
$$=e((\prod_{i=1}^{n}(x_j-x_i)+ru)p,sp) \quad\quad (5\text{-}43)$$
$$=e(rup,sp)$$
$$=e(p,p)^{rsu}$$

由于 m 对应的密文 $c=e(up,sp)^r\times m$ ，则有式（5-44）。

$$c / e((\prod_{i=1}^{n}(x_j - x_i) + ru)p, sp)$$
$$= e(up, sp)^r \times m / e((\prod_{i=1}^{n}(x_j - x_i) + ru)p, sp) \qquad (5\text{-}44)$$
$$= e(up, sp)^r \times m / e(p, p)^{usr}$$
$$= m$$

因此，如果解密者是合法成员，它能够成功解密密文。

5.3.5 SKAPDSN 被动安全性

定理 5-9：如果双线性迪菲-赫尔曼（Bilinear Diffie-Hellman，BDH）[160,161]问题是困难的，在选择明文攻击的情况下，SKAPDSN 协议的加密有不可区分的概率。

证明：如果存在攻击 SKAPDSN 协议优势为 ε 的敌手 attacker，以 attacker 为基础攻击 DBDH 问题，设四项组 $< ap, bp, cp, Z_v >, v \in \{0,1\}$，如果 $Z_v = Z_0 = e(p,p)^{abc}$，则标记 $< ap, bp, cp, Z_0 > \in D$ 为合法的四元组。如果 $Z_v = Z_1 = e(p,p)^z$，z 为从 Z_p^* 中随机选择的整数，则标记 $< ap, bp, cp, Z_1 > \in R$ 是非法的四元组。构造一个模拟器 S 区分 $< ap, bp, cp, Z_0 >$ 和 $< ap, bp, cp, Z_1 >$。attacker 和 S 执行以下的交互过程。

步骤 1：模拟器选择随机数 r 和 $\{x_i\}$，按照 SKAPDSN 协议初始阶段将公钥传输给 attacker。

步骤 2：attacker 选择两个等长明文 m_0 和 m_1，将其发送给 S，S 收到后根据 SKAPDSN 的公钥按以下的步骤生成密文：从 $\{0,1\}$ 中随机选择值赋给参数 u 和 v，给予 attacker 密文 $< ap, bp, cp, Z_v m_u, \{S_{ei}\} >$。

步骤 3：攻击者给出对 u 的猜测 u'，如果 $u' = u$，模拟器输出 $< ap, bp, cp, Z_v >$ 作为输出，否则输出 $< ap, bp, cp, Z_{1-v} >$。

则模拟器能够正确区分 $<ap,bp,cp,Z_v>$ 是不是合法四元组的概率如下。

（1）如果模拟器输入的四元组是非法的四元组，即 $<ap,bp,cp,Z_1=zp>$，密文为 $e(p,p)^z M_u$，由 z 的随机性可知，攻击者不能得到任何关于 u 的信息，所以有 $P_r(u'=u|v=1)=P_r(u\neq u|v=1)=1/2$，则模拟器正确猜测四元组是不是非法四元组的概率，即 $P_r(\text{success}|v=1)=1/2$。

（2）如果模拟器输入的四元组是合法的四元组，即 $<ap,bp,cp,Z_0=e(p,p)^{abc}>$，密文为 $e(p,p)^{abc}M_u$，则密文是合法密文，既然攻击者能够以优势 ε 攻击 SKAPDSN，则攻击者成功猜测 u 的概率为 $P_r(u'=u|v=0)=1/2+\varepsilon$。

因此，模拟器成功区分输入是不是合法四元组的概率，即式（5-45）。

$$
\begin{aligned}
P_r(S\ \text{success guess}) &= P_r(v=0\ \text{and}\ S\ \text{success}) + P_r(v=1\ \text{and}\ S\ \text{success}) \\
&= \frac{1}{2}(P_r(S\ \text{success}|v=0) + P_r(S\ \text{success}|v=1)) \\
&= \frac{1}{2}(\varepsilon + \frac{1}{2}) + \frac{1}{2} \times \frac{1}{2} \\
&= \frac{1}{2} + \frac{1}{2}\varepsilon
\end{aligned}
$$

$$（5\text{-}45）$$

如果攻击者能够以不可忽略的概率成功攻击 SKAPDSN 协议，则必能以不可忽略的概率成功破解 BDH 问题。

5.3.6　SKAPDSN 前向和后向安全性

网络分裂前，网络的公开加密密钥为 pk，其对应的解密密钥集合是全体成员的秘密私钥 $\{x_{1i_1}, x_{1i_2}, \cdots, x_{1i_n}, x_{2i_1}, x_{2i_2}, \cdots, x_{1i_m}\}$，分裂后，Group1 和 Group2 分别产生新的公开加密密钥 pk_1 和 pk_2，其对应的解密密钥集合为 $\{x_{1i_1}, x_{1i_2}, \cdots, x_{1i_n}\}$ 和 $\{x_{2i_1}, x_{2i_2}, \cdots, x_{1i_m}\}$，由于集合中不存在相同的秘密密钥，因此解密集合 $\{x_{1i_1}, x_{1i_2}, \cdots, x_{1i_n}\}$ 中任意解密密钥不能对 pk_2 加密的密文成功解密，同理 $\{x_{2i_1}, x_{2i_2}, \cdots, x_{1i_m}\}$ 中任意解密密钥不能对 pk_1 加密的密文成功解密。因此，当网络发生分裂时，SKAPDSN 保证密钥更新的前向安全性要求。

网络合并前，Group1 和 Group2 的公开加密密钥 pk_1 和 pk_2，其对应的解密密钥集合为 $\{x_{1i_1}, x_{1i_2}, \cdots, x_{1i_n}\}$ 和 $\{x_{2i_1}, x_{2i_2}, \cdots, x_{1i_m}\}$。合并后，公开加密密钥更新为 pk，其对应的解密密钥集合是全体成员的秘密私钥 $\{x_{1i_1}, x_{1i_2}, \cdots, x_{1i_n}, x_{2i_1}, x_{2i_2}, \cdots, x_{1i_m}\}$。由于合并前，Group1 使用 pk_1 加密密文，因此 Group2 中成员不能对 pk_1 加密的密文进行成功解密，同理 Group2 使用 pk_2 加密密文，因此 Group1 中成员不能对 pk_2 加密的密文进行成功解密。因此合并后，对方成员都不能对合并前的对方密文成功解密，SKAPDSN 保证了密钥更新的后向安全性需求。

5.3.7 SKAPDSN 密钥独立性

首先，由于解密密钥集合 $\{x_i\}$ 中的任意元素是 KMC 随机选择的，并且集合中没有相同的元素，因此对于一个妥协者 $u_j(i \neq j)$ 从 $\{x_i\}$ 中猜测 x_i 的值是一个困难问题。其次，即使妥协者 $u_j(i \neq j)$ 已经破解除元素 x_i 之外集合 $\{x_i\}$ 中的所有其他元素，则 u_j 从集合 $\{S_1 = \{x_{i_1} p\}, S_2 = \{x_{i_1} x_{i_2} p\}, \cdots, S_n = \{x_{i_1} x_{i_2} \cdots x_{i_n} p\}\}$ 得到的有用信息为

$\{c_k = (a_k x_i + b_k)p \mid k \in \{1,2,\cdots,n\}\}$，其中参数 $\{c_k\}$、$\{a_k\}$ 和 $\{b_k\}$ 是已知的。因此从 $\{c_k\}$ 中求解 x_i 的值，等价于从 $x_i P$ 中求取 x_i 值，这是一个 BDH 问题。因此妥协者即使已知其中一个秘密解密密钥，成功获取另一个秘密解密密钥的概率是一个可忽略的函数。因此，SKAPDSN 满足密钥独立性。

5.3.8　SKAPDSN 性能分析

SKAPDSN 与其他方案更新性能对比如表 5-6 所示。

表 5-6　SKAPDSN 与其他方案更新性能对比

名称	计算开销		网络负载		消息开销		KMC
	合并	分裂	合并	分裂	合并	分裂	
SKAP-DSN	$\begin{aligned}&(n+m+\sum_{i=1}^{n}\sum_{i=1}^{n}C_i^{i-1}C_m^i+\\&\sum_{i=1}^{n}\sum_{i=1}^{n}C_i^{i-1}C_m^i+\\&\sum_{i=1}^{n}\sum_{i=1}^{n}C_i^{i-1}C_m^i-1)P(\cdot)\end{aligned}$	$2^{n'}P(\cdot)$	$(2^m+2^n+4)N$	0	1	0	否
LKH	$2m\log_2 nE(\cdot)$	$2m\log_2 nE(\cdot)$	$2m\log_2 nN$	$2m\log_2 nN$	$2m\log_2 n$	$2m\log_2 n$	是
GDH	$n+m+1$	$n'+1$	$(n+m+1)N$	$(n'+1)N$	$n+m-1$	$n'-1$	否

针对存储开销，在初始阶段，设单位密钥材料或单位密钥的体积为 N，公钥 $pk = <\{S_i\}, up, sp>$ 的体积为 2^n+2，私钥的体积为 1，因此每个成员为保存公钥和私钥需要的存储开销为 $(2^n+3)N$。在加密阶段计算得到的密文为 $c^* = <\{S_i'\}, c>$，由于 S_0' 为 rp，因此需要的存储体积为 $(n+1)N$。综上所述，该协议中成员需要的存储开销为 $(2^n+n+4)N$。

针对计算开销，在初始阶段，KMC 为成员计算公钥

$pk =<\{S_i\}, up, sp>$，执行 $2^n + 2$ 次双线性对倍加运算。在加密过程中，计算 $\{S'_i\}$ 执行 n 次双线性对倍加运算，

针对网络负载，KMC 发送的公钥为 $pk =<\{S_i\}, up, sp>$，负载为 $(2^n + 2)N$。发送私钥体积为 1。加密过程中发送的密文为 $c^* =<\{S'_i\}, c>$，密文的网络负载为 $(n+1)N$。

在更新开销上，SKAPDSN 方案无须 KMC 支持，网络成员可以自主地协商合并或分裂后的公开加密密钥。SKAPDS 与其他方案更新性能对比如表 5-6 所示。当网络合并发生时，每个成员执行 $n + m + \sum_{i=1}^{m}\sum_{k=1}^{m} C_n^{i-k} C_m^k + \sum_{i=m}^{n}\sum_{k=1}^{m} C_n^{i-k} C_m^k + \sum_{i=n}^{n+m}\sum_{k=1}^{m} C_n^{i-k} C_m^k - 1$ 次双线性对倍乘运算，发送消息 1 次，网络负载为 $(2^m + 2^n + 4)N$。当网络分裂发生时，由于新公开的密钥材料是旧公开密钥材料的子集，因此成员间无须交互，只需要利用旧有公开加密密钥材料计算，每个群组成员计算 $2^{n'}$ 次倍乘运算，消息开销为 0，网络负载为 0，n' 为分裂后的网络规模。

在可扩展性上，SKAPDSN 方案比现有密钥管理方案的最大的优势在于公钥的自组织性。共享加密密钥的协商无须密钥管理中心支持，在共享加密密钥协商中，合并群成员只需要得到合并网络的全部公开加密密钥就可以协商出新的共享加密密钥。由于公钥材料是完全公开的，因此网络成员可以从合并网络中距离最近的节点获取，不仅可以减少共享密钥协商的时间，而且不会暴露秘密解密密钥，保证共享密钥协商的效率和安全性。密钥更新中网络成员的私钥无须更新，只需要发布公钥材料，群组成员就可以重新协商共享加密密钥。当网络合并时，在时延要求严格的前提下，网络成员可以根据自身的能力

协商共享密钥协商范围。网络成员还可以将可信的对象加入自己的
解密集合中。

　　本节基于双线性对特性提出一种自组织深空 DTN 密钥协商协议。
该协议为网络成员分配唯一的解密密钥，并协商公开共享加密密钥，
解密密钥集合中的任意解密密钥都能对加密密钥加密的密文成功解
密。该协议支持无交互的密钥更新过程，网络成员无须因加密密钥的
更新而更新私有的解密密钥，具有自保护性。当网络合并时，成员只
需合并公开的加密密钥材料就能计算出新的加密密钥；当网络分裂
时，成员只需从公开密钥材料中选择部分材料就能计算出新的加密密
钥。密钥更新中无须节点使用私有密钥进行计算，具有前向和后向安
全性以及密钥独立性。因此该协议适合对网络时延要求严格，且无密
钥管理中心支持的动态网络。

5.4　AKMSN、AOGKM 和 SKAPDSN 比较

　　本章提出的 AKMSN、AOGKM 和 SKAPDSN 都是针对密钥更新
延时有限的无线网络场景设计的，满足深空 DTN 不同的应用场景。
它们都基于单加密密钥多解密密钥加密/解密性质满足本地化的自主
密钥管理模型，退出或加入节点无须地面 KMC 支持，当且仅当能自
主注册、更新和撤销私有解密密钥时，具有前向和后向安全性和密钥
独立性。这 3 种方案的性质和属性对比如表 5-7 和表 5-8 所示。

表 5-7　AKMSN、AOGKM 和 SKAPDSN 性质对比

方案	密钥操作	应用场景	更新规模	密钥基础	更新公钥规模
AKMSN	加入/退出密钥操作	共享密钥协商	1	DH 协议	1
AOGKM	加入/退出密钥操作	逻辑密钥树优化	1	单加密密钥多解密密钥加密/解密协议	逻辑密钥树高度
SKAPDSN	合并/分裂密钥操作	共享密钥协商	子网规模	双线性对	1

表 5-8　AKMSN、AOGKM 和 SKAPDSN 属性比较

方案	自保护	自配置	自组织	自优化	自主性
AKMSN	√	√	√	×	√
AOGKM	√	√	√	√	√
SKAPDSN	√	√	√	×	√

说明：√表示支持，×表示不支持。

　　AKMSN 适合深空 DTN 的共享密钥协商场景，针对单节点的加入、退出密钥操作设计自主密钥更新过程。AOGKM 适合深空 DTN 的逻辑密钥树的优化，针对单节点的加入、退出密钥操作设计自主密钥更新过程。SKAPDSN 适合深空 DTN 的共享密钥协商场景，针对两个子网的合并、分离密钥操作设计自主密钥更新过程。

5.5 基于 IOMRM 和 AOMRM 的深空 DTN 异构密钥管理架构

第 4 章提出的 IKMS-DSDTN 方案和本章的 AKMSN、AOGKM、SKAPDSN 三种密钥管理方案可以组合成深空 DTN 异构密钥管理架构，充分发挥不同子网的拓扑和硬件特性。符合 IOMRM 模型的 IKMS-DSDTN 方案，适合对网络实体硬件要求不高，但是需要特定拓扑结构的深空网络环境，而符合 AOMRM 模型的 AKMSN、AOGKM、SKAPDSN 适合对网络实体硬件要求较高，但对拓扑结构无特殊要求的场景。4 种典型方案满足深空 DTN 的特殊场景需要。以火星探测为例，说明本节建议的方案适合火星探测场景多跳通信网络安全需要。

在火星探测任务中，具有以下几类实体：地面控制中心、行星表面的卫星转发节点、火星表面的探测器。地面控制中心通过多跳通信方式经由卫星网络转发控制指令和接收探测器的数据报文。地面控制中心与行星表面的卫星网络、卫星网络与卫星网络、卫星网络与地面探测器网络之间需要预先建立安全信道。地面控制中心的 KMC 具有最高的硬件性能；行星表面的卫星转发节点具有较强的硬件能力，与 KMC 类似具有高性能处理器和较高的能量水平；而火星表面的探测器硬件性能最弱，处理器和能量受到限制。火星探测网络中的子网拓扑结构不同，在可靠端到端链接和较短延时的情况下地面控制中心与行星表面的卫星网络具有集中式密钥管理的拓扑结构，而非可靠端到端连接和较长延时的情况下，表现为分布式密钥管理的拓扑结构。卫星子网和火星表面的探测器子网可以组成集中式密钥管理结构。

鉴于 IOMRM 模型和 AOMRM 模型的特点，将它们部署于不同拓扑结构和硬件能力的子网中。在地面控制中心与行星卫星子网间建立基于 AOMRM 模型的密钥管理方案，使用 AKMSN、SKAPDSN 执行共享密钥协商和密钥加入、退出、合并、分裂操作，使用基于 AOMRM 模型的组播密钥管理方案 AOGKM 实施逻辑密钥树管理和优化。AKMSN、SKAPDSN 和 AOGKM 充分利用星上较强的计算能力和能量水平提供本地自主的密钥管理方式，同时兼容可靠端到端 KMC 服务，子网络实体可以根据链路状态、延时要求和本地空间网络特性选择不同的密钥管理策略，有效减少地面 KMC 与火星轨道卫星之间的长延时。在火星轨道的卫星子网与火星表面的探测器子网建立基于 AOGKM 模型的密钥管理方案，使用 IKMS-DSDTN 提供卫星与地面探测器子网间的共享加密密钥和密钥更新，火星轨道卫星扮演 IKMS-DSDTN 中的 KMC 角色，承担密钥管理的计算、发送和更新任务，火星探测器无须为密钥管理承担计算任务，满足卫星硬件性能强于探测器的深空探测场景，探测器更新成员只需要和卫星取得联系就可以在不破坏其他成员解密密钥合法性和有效性的前提下，由卫星负责为其独立更新，密钥更新中更新成员与非更新成员间、非更新成员与卫星间不存在交互过程，无须同步机制支持并减少了交互延时。

如图 5-8 所示，地面控制中心 C 与地球近地轨道卫星 A1 和 A2 组成一跳地球轨道卫星子网，A3、A4、A5、A6、A7 组成多跳深空 DTN 主干子网，A8 和 A9 组成一跳火星轨道卫星子网，B1、B2、B3、

B4 组成火星表面探测器子网，其中 B4 与其他节点间断连接，A1、A2、A3 和 A4 可建立与 KMC 的可靠端到端连接，A6、A7、A8 和 A9 因延时较长或无法建立与 KMC 间的可靠端到端链路。结合 3 种子网的不同特性，在地球轨道卫星子网实施基于现有地面成熟的密钥管理方案；在多跳深空 DTN 主干子网中实施基于自主的深空 DTN 密钥管理方案，如 AKMSN，其中 A3 和 A4 将密钥管理任务交给 KMC 承担，而 A6、A7、A8 和 A9 执行本地化的自主密钥管理策略，当 A3 和 A4 延时过长或端到端连接不可靠时，可以将其密钥管理策略切换到自主密钥管理策略，A6、A7、A8 和 A9 同理；在火星表面探测器子网中实施基于 IOMRM 的密钥管理方案，如 IKMS-DSDTN 方案，

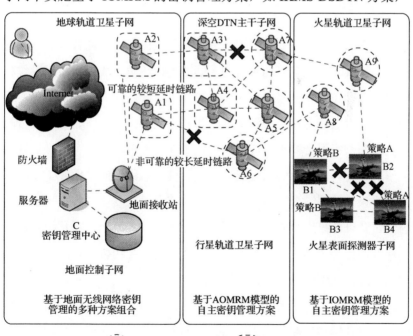

图 5-8　基于 AOMRM 和 IOMRM 的深空 DTN 异构密钥管理架构

由火星轨道卫星 A8 和 A9 承担 KMC 责任，为火星表面探测器子网成员计算共享加密密钥和独立的加密密钥，使 B2 成员的私有秘密解密密钥不会因更新过程而被破坏。同时地球轨道卫星子网的 A1 和 A2 通过 AOGKM 方案与多跳深空 DTN 主干子网快速建立共享加密密钥。同理，火星轨道卫星 A8 和 A9 也可利用 AOGKM 方案与多跳深空 DTN 主干子网快速建立共享加密密钥。

5.6 总 结

本章从自主密钥管理模型研究出发，设计了 3 种具有自主性的密钥管理协议，都具有单加密密钥多解密密钥性质。从密钥加入操作和密钥退出操作，设计基于自主的深空 DTN 密钥管理方案，使得本地成员具有自主能力执行密钥加入操作和密钥退出操作，非更新成员的私有解密密钥不会被更新成员的密钥更新过程破坏，具有自保护性。从密钥合并和密钥分裂角度出发，设计基于自组织的深空 DTN 密钥交互协议，在网络合并和分裂过程中，节点只需要获取公开加密密钥材料，就可计算出合并后的新鲜公开加密密钥，而无须对私钥解密密钥修改，无须全体成员间的交互。从优化逻辑密钥树出发，设计基于自主的深空 DTN 组播密钥管理方案，本地成员不仅具有自主能力执行逻辑密钥树上对应密钥的更新，而且具有通过选择不同层次加密密钥在消息开销和计算开销上取得折中的能力。综上所述，3 种方案适合长延时、间断连接和非可靠端到端服务的深空 DTN 本地化密钥管理的场景需要。

第6章

半诚实环境中深空DTN实体认证研究

6.1 引　　言

安全接入是网络建立安全连接的前提，实体身份认证协议是安全接入的一种重要技术，因此实体身份认证在网络安全中处于重要的地位[158]。证明者和合法实体通过预先的约定证明身份的合法性，向证明者提出身份认证需要的实体称为挑战者，它可能是合法的也可能是非法的。合法实体具有能够证明自己合法身份的资料，证明者具有该资料对应的证书，根据证书识别挑战者是否具有合法身份[159]。如果证明者是诚实可靠的，并且正确执行协议，则验证结果是合法可信的，挑战者的身份信息也不会被泄露。

未来深空 DTN 是半诚实环境，数据包的路径是无法提前预测的，转发节点可能是合法节点，也可能是非法节点，可能会窥探转发数据，进而分析数据中包含的信息，威胁数据包的安全性。考虑到成本和政治因素，深空探测任务可能是多国联合，如图 6-1 所示，为了本国的利益，在业务繁忙的转发节点上，因为自私性选择丢弃非本国数据包事件是可能发生的。因此希望有一种协议，转发节点使用该协议能够识别数据包的合法性，而不能得到数据包的其他信息，使得半诚实环境中的自私节点难以判断其转发数据包的源头，防止其选择性丢包。

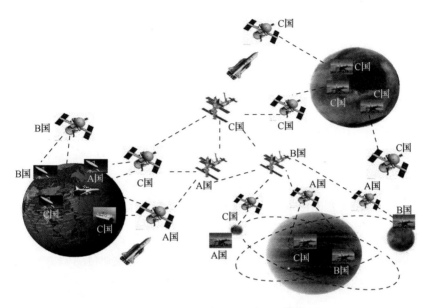

图 6-1　多国联合执行深空探测任务

6.2　实体认证协议

现有的认证协议主要分为 3 类。

第一类为证书和身份秘密值存在一对一对应关系的实体身份认证协议。其包括基于口令的实体身份认证[160,161]；基于公钥密码学的实体身份认证，如 PKI 和 PGP[162]；基于证书的实体认证协议，如 Kerberbos[163]和 Yaksha[164]；基于生物特征的实体身份认证，如指纹识别、虹膜识别等。这些方案中身份证明材料和其对应的身份秘密值都是唯一的，因此妥协证书管理者通过证书的使用可以分析身份秘密持有者的行为，协议也无法保证身份认证的匿名性，当认证者被攻陷时，可以使得非法者成为合法者。

第二类为基于门限密钥的身份认证协议。文献[142]提出门限密钥的身份认证技术，文献[165,166]将该技术应用于 Ad Hoc 网络、下一代互联网等环境的身份认证，这些方案的共同特点是把一份证书分成多份，合法身份的确认需要超过门限值个数的身份认证节点合作才能成功，该类协议能够增强系统的安全性和稳定性，适合分布式应用场景，然而该方案中证书和身份秘密值也存在多对一对应关系，因此不满足身份认证匿名性。

第三类为基于零知识[167]的身份认证协议，如文献[168 - 170]。这类协议的特点是被认证者预先配置难解问题的解集合，认证者多次向被认证者询问难解问题的答案，验证被认证者的答案是否矛盾，如果被认证者正确回答的次数超过预期，就建立安全信任关系。因为难解问题的解不唯一，而且证明者没有难解问题的答案，被认证者保证身份认证的零知识性，认证者也不能区别具有同解的多个合法实体，因此具有匿名性。然而，该协议身份认证的准确率是建立在多次交互的基础上的，交互次数越多，则认证成功的准确率越高。综上所述，第一类和第二类方案不满足实体身份认证的匿名性，第三类方案虽然可以满足匿名性要求，然而配置难解问题以及多次交互的概率证明过程难以应用于实际环境中。

很多身份认证场景中证明者并不是诚实可靠的，如果认证实体是一个半诚实实体[171,172]，则妥协实体仍能正确地执行协议，但是实体内部信息对于攻击者是透明的。攻击者可以不通过盗取被证明者的身份秘密值，而是通过分析被证明者的证书使用情况进行攻击，从而造成安全隐患。这种通过证书分析发动攻击的环境出现在许多电子身份认证场合，如电子投票、电子购物、门禁系统等。同时也注意到，如果每个身份秘密值都有对应的证书，而且被认证实体的规模很大，认证者不仅需要较多的内存空间，而且还需要耗费大量的时间查找该身份秘密值对应的证书。为了减少证书数量，多个被认证实体分配相同的身份认证信息，如果其中一个实体妥协，则其他实体也将会受到安全威胁。因此将现有的认证协议应用于半诚实环境是不适合的，新协议需要切断身份秘密值和证书之间的一一对应关系，使得证明者只能证明身份的合法性，而不能确定是哪一个身份秘密值持有者使用了证书。

由此，在每个被认证实体的身份认证秘密值不同的前提下，能否使得认证者只需保留一份证书，就可以对所有被认证实体进行合法身份识别是一个值得研究的问题。由于只需一个证书便可以识别所有合法者的身份，这样认证者就无法根据证书分析认证者的身份，保护被认证者的匿名性。同时认证者不会因为被证明者数量的增加，而增加内存空间，提高了认证效率。本章从这一要求出发，给出匿名共享证书实体认证模型（Anonymous Shared Certificate Entity Authentication Model，ASCEAM），并在此基础上设计了两种匿名共享证书实体认证协议（Anonymous Shared Certificate Entity Authentication Protocol，ASCEAP）。

6.3　ASCEAM

本节给出 ASCEAM 的定义和安全属性。

定义 6-1：在证书与身份秘密值一一对应的实体认证模型（One-to-One Mapping Entity Authentication Model，OOMEAM）中，被认证实体和证书之间存在一一对应关系，该模型满足以下公式。

$$verify(x_i, cert_i) = \text{successful} \quad \text{iff } x_i \Rightarrow cert_i \| x_i \in \{x_i\} \| cert_i \in \{cert_i\} \quad (6\text{-}1)$$

其中，$\{cert_i\}$（$i \in \{1,2,\cdots,n\}$）为证书集合，$\{x_i\}$（$i \in \{1,2,\cdots,n\}$）为身份秘密值集合，当且仅当对应一个证书，为实体身份验证函数。由于在 OOMEAM 中，证书和身份秘密值存在一一对应的关系，攻击者在不能获取身份秘密值信息的前提下，通过妥协验证者的证书使用信息区分合法挑战者身份，因此每个合法身份秘密值对应不同证书。

定义 6-2：在单证书对应多实体身份认证模型（One-to-Many Mapping Entity Authentication Model，OMMEAM）中，一份证书对应多个合法实体的秘密身份值。该模型满足式（6-2）。

$$verify(\{x_j\}, cert_k) = \text{successful} \quad \text{iff } \{x_j\} \subset \{x_i\} \| cert_k \in \{cert_i\} \quad (6\text{-}2)$$

其中，$\{cert_i\}$ 为证书集合，$cert_k$ 为其中一份合法证书，$\{x_i\}$（$i \in \{1,2,\cdots,n\}$）为合法身份秘密值，$\{x_j\}$ 为集合 $\{x_i\}$ 中的部分子集，集合 $\{x_j\}$ 中的任意合法身份秘密值都可以使用证书 $cert_k$ 验证。由于在 OMMEAM 中，$\{x_j\}$ 对应的证书是相同的，因此攻击者在不能获取身份秘密值的前提下，仅仅依赖证书 $cert_k$，是不能区别集合 $\{x_j\}$ 对应的合法身份者的。

定义 6-3：在匿名共享证书实体认证模型（Anonymous Shared Certificate Entity Authentication Model，ASCEAM）中，仅仅存在一份证书，满足所有合法身份者的身份合法性验证。该模型满足以下公式。

$$verify(x_i, cert) = successful \quad iff \ x_i \in \{x_i\} \qquad (6\text{-}3)$$

其中，$cert$ 为证书，$\{x_i\}$（$i \in \{1, 2, \cdots, n\}$）为合法身份者对应的身份秘密值，$verify(\cdot)$ 为实体身份验证函数。

如果一个协议满足 ASCEAM，则其具有以下安全性质。

（1）正确性（correctness）：在半诚实模型中，验证者 A 在正确执行协议后有能力验证挑战者的身份合法性，即 A 认为具有集合 $\{x_i\}$（$i \in \{1, 2, \cdots, n\}$）中任意元素的 B_i 为合法身份者，挑战成功；反之为非法者，挑战失败。

（2）私密性（confidentiality）：在半诚实环境中，妥协验证者既不能破解合法身份挑战者的正确秘密身份值，也不能根据妥协证书材料伪造合法身份秘密值，攻击者不能根据公开信道的信息破解集合 $\{x_i\}$ 中任意合法秘密身份值。

（3）匿名性（anonymity）：在半诚实环境中，妥协的验证者既不能根据挑战者提供的身份验证材料区分合法实体的身份，也不能根据妥协的证书区分合法实体的身份，即妥协的验证者不能依赖实体验证协议的合法证书和公开信息区分合法实体的身份。

6.4　SCBEAP

在匿名单证书双实体认证协议（Single Certificate Bi-Entity

Authentication Protocol，SCBEAP）中，网络实体包括身份认证管理中心 C、身份认证者 A、两个合法挑战者 B_1 和 B_2。

步骤 1：C 选择素数阶有限域 F_p 和乘法循环群 F_p^* 中的任一生成元 g，由管理中心在 $[1, p]$ 中选择秘密值 x_1 和 x_2，通过安全信道发送给 B_1 和 B_2。

步骤 2：C 在 $[1, p]$ 中选择秘密值 a、c，计算 $\{ g^{ac}(\mathrm{mod}\ p),$ $g^{-(x_1+x_2)ac}(\mathrm{mod}\ p), g^{acx_1x_2}(\mathrm{mod}\ p) \}$ 秘密发布给 A，设 $ax_1 = b, c = x_2d$，则上述公式可表示为 $\{ g^{ac}(\mathrm{mod}\ p), g^{-(ad+cb)}(\mathrm{mod}\ p), g^{bd}(\mathrm{mod}\ p) \}$。

步骤 3：身份认证阶段，A 在 $[1, p]$ 中选择一组随机秘密值 k_1、k_2、k_3，计算 $\{ g^{ack_1}(\mathrm{mod}\ p), g^{-(ad+cb)k_2}(\mathrm{mod}\ p), g^{k_3bd}(\mathrm{mod}\ p) \}$ 并将其发送给 B_i。

步骤 4：如果 B_i 需要实体认证，则从 $[1, p]$ 内选择秘密值 r，使用秘密值 $x_i(i=1,2)$。计算 $\{ g^{ack_1rx_i^2}(\mathrm{mod}\ p), g^{-(ad+cb)k_2rx_i}(\mathrm{mod}\ p) \}$ 和 $g^{k_3rbd}(\mathrm{mod}\ p)$，并将结果发送给 A。

步骤 5：A 收到后，首先解密得到 $\{ g^{acrx_i^2}(\mathrm{mod}\ p), g^{-(ad+cb)rx_i}$ $(\mathrm{mod}\ p), g^{rbd}(\mathrm{mod}\ p) \}$，然后计算 $value = g^{acrx_i^2} \times g^{-(ad+cb)rx_i} \times g^{rdb}(\mathrm{mod}\ p)$ $= g^{r(acx_i^2 - (ad+cb)x_i + db)}(\mathrm{mod}\ p)$，如果 $value$ 的值为 1，则身份证明成功，否则视为非法者。

协议中的两个用户身份秘密值 x_1 和 x_2 都对应一份证书 $cert =< g^{ac}(\mathrm{mod}\ p), g^{-(ad+cb)}(\mathrm{mod}\ p), g^{bd}(\mathrm{mod}\ p) >$。

6.5　SCMEAP

6.5.1　SCMEAP 设计

匿名单证书多实体认证协议（Single Certificate Multi-Entity Authorization Protocol，SCMEAP）将单证书双实体认证协议扩展为单证书多实体认证协议。网络环境与单证书双实体认证协议一样，被证明者数量扩展为 n 个，即 $B_i(i \in \{1, 2, \cdots, n\})$。

步骤 1：C 选择素数阶有限域 F_p 和乘法循环群 F_p^* 中的任一生成元 g，由管理中心在 $[1, p]$ 中选择秘密值 $x_i(i \in \{1, 2, \cdots, n\})$，通过安全信道发送给 B_i。

步骤 2：由管理中心在 $[1, p]$ 中选择秘密值 a_i，计算 $x_i a_i = b_i$，计算多项式公式 $f(x) = \prod_{i=1}^{n}(x - x_i)$，化简此公式得到式（6-4）。

$$\begin{cases} P_1 = g^{p_1} \bmod p = g^{(x_1+x_2+x_3+\cdots+x_n)} \bmod p \\ P_2 = g^{p_2} \bmod p = g^{(x_1x_2+x_1x_3+\cdots+x_1x_n+x_2x_3+\cdots+x_{n-1}x_n)} \bmod p \\ \qquad\qquad\qquad \vdots \\ P_n = g^{p_n} \bmod p = g^{(x_1x_2\cdots x_i\cdots x_n)} \bmod p \end{cases} \tag{6-4}$$

管理中心将 $\{g^{p_i} \bmod p\}$ 发布给证明者 A。

步骤 3：A 选择一个随机秘密值 $\{k_i\}$，计算 g^{k_0} 和 $\{g^{p_i k_i} \bmod p \mid i \in \{1, 2, \cdots, n\}\}$，并将结果发送给 B_λ。

步骤 4：B_λ 从 $[1, p]$ 中选择秘密值 r，使用自己身份的秘密值计算

空间群组密钥管理研究——基于自主的深空 DTN 密钥管理

$g^{k_0 r x_\lambda^n}$ 和 $\{g^{p_i k_i r x_\lambda^{n-i}} \bmod p \,|\, i \in \{1,2,\cdots,n\}\}$，并将结果发送给 A。

步骤 5：A 收到挑战者的消息 $\{g^{p_i k_i r x_\lambda^{n-i}} \bmod p \,|\, i \in \{1,2,\cdots,n\}\}$ 后，首先使用 $\{k_i\}$ 解密得到 $g^{r x_\lambda^n}$ 和 $\{g^{p_i r x_\lambda^{n-i}} \bmod p \,|\, i \in \{1,2,\cdots,n\}\}$，计算式（6-5）。

$$g^{f(x_\lambda)} = g^{r x_\lambda^n} \prod_{k=1}^n (g^{p_i r x_\lambda^{n-i}}) \bmod p \qquad (6\text{-}5)$$

如果 $g^{rf(x_\lambda)} \bmod p = 1$，则 B_λ 身份是合法的，否则认为 B_λ 的身份是非法的。协议中 n 个用户的身份秘密值都对应一份证书 $cert = <\{P_i\} \,|\, i \in \{1,2,\cdots,n\}>$。

6.5.2 SCMEAP 安全性证明

SCBEAP 和 SCMEAP 之间的区别在于成员规模不同，证明 SCMEAP 的安全性即证明 SCBEAP 的安全性。

定理 6-1：对于 PPT 攻击者，成功破解身份秘密值集合 $\{x_i\}$ 中的任意身份秘密值 $skey_i = x_i$（$i \in \{1,2,\cdots,n\}$）的概率是一个可忽略的函数。

证明：证书 $\{P_i\}$ 可以被 $\{S_i\}$ 表示，如果 $\{S_i\}$ 被破解，则 $\{P_i\}$ 也可被得到。

$$\begin{cases} S_0 = g^t \bmod p \\ S_1 = \{g^{x_1} \bmod p, g^{x_2} \bmod p, \cdots, g^{x_n} \bmod p\} \\ S_2 = \{g^{x_1 x_2} \bmod p, g^{x_1 x_3} \bmod p, \cdots, g^{x_1 x_n} \bmod p, g^{x_2 x_3} \bmod p, \cdots, g^{x_{n-1} x_n} \bmod p\} \\ \quad\quad\quad\vdots \\ S_n = \{g^{x_1 x_2 \cdots x_i \cdots x_n} \bmod p\} \end{cases}$$

$$(6\text{-}6)$$

既然 p 是一个素数，则 Z_p 中所有非零元都有一个模 p 乘法逆元，

172

当且仅当 $xx_i = x_jx_i (\bmod\ p)$ 成立，则公式 $g^{x_ix} = g^{x_ix_j} (\bmod\ p)$ 成立。攻击者使用 S_1 和 S_2，得到秘密身份值集合 $\{x_i\}$ 中的任意密钥 x 的概率为式（6-7）。

$$
\begin{aligned}
&P_r((S_1)^x = S_2) \\
&= \frac{C_n^1 - 1}{C_n^2} P_r(g^{x_ix} \bmod p = g^{x_ix_j} \bmod p) \\
&= \frac{C_n^1 - 1}{C_n^2} P_r(g^x \bmod p = g^{x_j} \bmod p) \\
&= \frac{C_n^1 - 1}{C_n^2} P_r[g^x \bmod p = \hat{y}] \quad (\text{根据引理5-1}) \\
&= (C_n^1 - 1)/(C_n^2 \times |G|)
\end{aligned}
\tag{6-7}
$$

当 $|G| = \rho$，$\|p\| = N$ 且 $N >> n$ 时，有 $\rho = \Theta(2^N)$，所以得到式（6-8）。

$$
P_r((P_1)^x = P_2) = (C_n^1 - 1)/(C_n^2 \cdot |G|) = \frac{1}{n\rho} \leqslant negl(N) \tag{6-8}
$$

当 $negl(n)$ 是一个可忽略的函数时，攻击者破解 $\{S_i\}$ 中任意元素的概率为式（6-9）。

$$
\begin{aligned}
&P_r((S_{i-1})^x = S_i) \\
&= \frac{C_n^{i-1} - 1}{C_n^i} P_r(g^{x_{j1}x_{j2}\cdots x_{ji-1}x} \bmod p = g^{x_{j1}x_{j2}\cdots x_{ji-1}x_j} \bmod p) \\
&= \frac{C_n^{i-1} - 1}{C_n^i} P_r(g^x \bmod p = g^{x_j} \bmod p) \\
&= \frac{C_n^{i-1} - 1}{C_n^i} P_r[g^x \bmod p = \hat{y}] \quad (\text{根据引理5-1}) \\
&< \frac{j}{n-j+1} \cdot \frac{1}{\rho} \leqslant negl(N)
\end{aligned}
\tag{6-9}
$$

综上所述，PPT 攻击者不能从证书中得到任何解密密钥的信息。

定理 6-2：对于 PPT 攻击者，成功发现 P_i 和 P_{i-1} 之间关系的概率是一个可忽略的函数。

证明：选择 $i-1$ 个随机值 $\{x_k\}$（$k \in \{1,2,\cdots,i-1\}$），成功发现 P_i 和 P_{i-1} 之间关系的概率为式（6-10）。

$$
\begin{aligned}
& P_r(R(P_{i-1}) = P_i) \\
&= P_r(\{x_k\} \,|\, (P_{i-1})^{x_k} / (g^{\sum_{k=1}^{i} x_k^2} \times g^{\sum_{j=1}^{i} x_1 x_2 \cdot x_{j-1} x_{j+1} \cdot x_i}) = P_i \,,\, k \in \{1,2,\cdots,i\}) \\
&= i! \times P_r(x_1 \,|\, (P_{i-1})^{x_k} / (g^{\sum_{k=1}^{i} x_k^2} \times g^{\sum_{j=1}^{i} x_1 x_2 \cdot x_{j-1} x_{j+1} \cdot x_i}) = P_i) \times \\
& \quad P_r(x_2 \,|\, (P_{i-1})^{x_k} / (g^{\sum_{k=1}^{i} x_k^2} \times g^{\sum_{j=1}^{i} x_1 x_2 \cdot x_{j-1} x_{j+1} \cdot x_i}) = P_i) \times \cdots \times \\
& \quad P_r(x_k \,|\, (P_{i-1})^{x_k} / (g^{\sum_{k=1}^{i} x_k^2} \times g^{\sum_{j=1}^{i} x_1 x_2 \cdot x_{j-1} x_{j+1} \cdot x_i}) = P_i) \\
&= i! \times \prod_{k=1}^{i} P_r[x_k \,|\, g^{x_k} \bmod p = \hat{y}_k] \text{（根据引理 5-1）} \\
&= i! \times \prod_{k}^{i} P_r[x \,|\, g^x \bmod p = \hat{y}] \\
&= i! / \rho^i
\end{aligned}
$$

（6-10）

当 $|G| = \rho$，$\|p\| = N$ 且 $N \gg i$ 时，其中 i 是常数，有 $\rho = \Theta(2^N)$，则有式（6-11）。

$$ i! / \rho^i \leqslant negl(N) \tag{6-11} $$

综上所述，P_i 和 P_{i-1} 之间关系的概率是一个可忽略的函数。

定理 6-3：在 SCMEAP 中，具有正确证书的验证者能够正确验证实体的身份，PPT 攻击者被成功验证的概率是一个可忽略函数。

证明：协议的正确性包含两个方面。即被验证者 B_i 是合法实体，B_i 的身份秘密值 x_i 是方程 $f(x) = \sum_{i=1}^{n}(x - x_i)^n$ 的根，因此满足 $g^{(r\sum_{i=1}^{n}(x_j - x_i) + rt)} = g^{rt} (\bmod p)$，即验证者能够成功验证合法实体的身份。

如果 PPT 攻击者伪造身份秘密值欺骗验证者，由于攻击者仅知 $g^r (\bmod p)$ ，而未知 $g^{rt} (\bmod p)$ ，攻击者随机选择秘密值并成功欺骗验证者的概率为式（6-12）。

$$
\begin{aligned}
& P_r(x_j \mid g^{r \sum_{i=1}^{n}(x_j - x_i) + rt} = g^{rt}(\bmod p)) \\
& = P_r(x_j \mid \sum_{i=1}^{n}(x_j - x_i) = 0) \\
& = n / \rho \leqslant negl(N)
\end{aligned}
\tag{6-12}
$$

攻击者成功猜测值 $g^{rt}(\bmod p)$ 的概率为式（6-13）。

$$
P_r(t' \mid g^{rt'} = g^{rt}(\bmod p)) = 1 / \rho \leqslant negl(N)
\tag{6-13}
$$

攻击者从 $P_n' = g^{k_n r \prod_{i=1}^{n} x_i + k_n rt}(\bmod p)$ 破解得到 $g^{rt}(\bmod p)$ 概率为式（6-14）。

$$
\begin{aligned}
& P_r(\{k_n', t', x_i'\} \mid P_n' = g^{k_n r \prod_{i=1}^{n} x_i + k_n rt}(\bmod p)) \\
& \leqslant P_r(\{k_n', t'\} \mid g^{k_n' t' r} = g^{k_n rt}(\bmod p)) \\
& = P_r(x \mid g^{xr} = \hat{y}(\bmod p)) \\
& = 1 / \rho \leqslant negl(N)
\end{aligned}
\tag{6-14}
$$

综上所述，PPT 攻击者成功欺骗验证者的概率是一个可忽略函数。

定理 6-4：在 SCMEAP 中，PPT 攻击者成功破解身份秘密值的概率是一个可忽略的函数。

证明：根据定理 6-1，攻击者从 $\{P_i\}$（ $i \in \{1, 2, \cdots, n\}$ ）中得到身份秘密值集合 $\{x_i\}$ 中任意元素的概率是一个可忽略的函数。攻击者从公开信道获取公开值 $g^{k_i p_i}(\bmod p)$（ $i \in \{1, 2, \cdots, n\}$ ），显然从 $g^{k_i p_i}(\bmod p)$ 破解秘密值集合 $\{x_i\}$ 中的任意元素与 DH 问题等价。因此 PPT 攻击者成功破解身份秘密值的概率是一个可忽略的函数。

定理 6-5：在 SCMEAP 中，PPT 攻击者区分不同的合法实体的概率是一个可忽略的函数。

证明：假设验证者是诚实的，攻击者只能分析公开信道上的信息，由于验证者和被验证实体选择两个随机值 k_i 和 r，攻击者不能从公开信道获取的信息区别实体。如果验证者被妥协，则攻击者除公开信道信息，还有身份认证材料 $g^{rp_i x_j^{n-i}} (\bmod p)$（$i \in \{1, 2, \cdots, n\}$）和 $g^{rp_n + rt} (\bmod p)$。当合法实体 B_k（$k \in \{1, 2, \cdots, n\}$）和 B_j（$j \in \{1, 2, \cdots, n\}$）向妥协的验证者验证身份时，攻击者得到身份认证材料 $g^{r_k p_i x_k^{n-i}} (\bmod p)$ 和 $g^{r_j p_i x_j^{n-i}} (\bmod p)$。

因为 p_i $i \in \{1, 2, \cdots, n\}$，$p_j$ $j \in (1, 2, \cdots, n)$，x_i 和 x_j 是常量，所以满足式（6-15）。

$$\begin{cases} P_r(g^{r_k p_i x_k^{n-i}} (\bmod p) = \hat{y}) = 1 / \rho \\ P_r(g^{r_j p_i x_j^{n-i}} (\bmod p) = \hat{y}) = 1 / \rho \end{cases} \quad \text{根据引理 5-1} \qquad (6\text{-}15)$$

因此攻击者成功区别 B_k（$k \in \{1, 2, \cdots, n\}$）和 B_j（$j \in \{1, 2, \cdots, n\}$）的概率满足式（6-16）。

$$\begin{aligned} P_r^{\text{Attacker}} &= | P_r(g^{r_k p_i x_k^{n-i}} (\bmod p) = \hat{y}) - P_r(g^{r_j p_i x_j^{n-i}} (\bmod p) = \hat{y}) | \\ &= negl(n) \end{aligned} \qquad (6\text{-}16)$$

综上所述，PPT 攻击者区分不同的合法实体的概率是一个可忽略的函数。

定理 6-6：在 SCMEAP 中，PPT 攻击者使用非法身份秘密值成功取代合法身份秘密值集合 $\{x_i\}$ 中任意元素的概率是一个可忽略的函数。

证明：假设攻击者使用非法秘密值 x' 替换合法成员 B_n 的身份秘密值 x_n，则合法的身份认证材料和非法的身份认证材料如下。

$$\begin{cases} P_1 = g^{p_1} \bmod p = g^{(x_1+x_2+x_3+\cdots+x_{n-1}+x_n)} \bmod p \\ P_2 = g^{p_2} \bmod p = g^{(x_1x_2+x_1x_3+\cdots+x_1x_n+x_2x_3+\cdots+x_{n-1}x_n)} \bmod p \\ \quad \vdots \\ P_n = g^{p_n} \bmod p = g^{(x_1x_2\cdots x_i\cdots x_n)} \bmod p \end{cases} \quad (6\text{-}17)$$

$$\begin{cases} P_1' = g^{p_1} \bmod p = g^{(x_1+x_2+x_3+\cdots+x_{n-1}+x')} \bmod p \\ P_2' = g^{p_2} \bmod p = g^{(x_1x_2+x_1x_3+\cdots+x_1x'+x_2x_3+\cdots+x_{n-1}x')} \bmod p \\ \quad \vdots \\ P_n' = g^{p_n} \bmod p = g^{(x_1x_2\cdots x_i\cdots x')} \bmod p \end{cases} \quad (6\text{-}18)$$

成功伪造 $\{P_i'\}$ $i \in \{1,2,\cdots,n\}$，攻击者需要计算 $P_i/(P_{i-1})^{x_n}$（$i \in \{1,2,\cdots,n\}$）去除 B_n 的身份秘密值，同时计算 $(P_i/(P_{i-1})^{x_n})P_{i-1}^{x'}$ 使得 x' 能够被证书成功验证，成功的概率为式（6-19）。

$$\begin{aligned} P_r\{P_i' &= (P_i/(P_{i-1})^{x_n})P_{i-1}^{x'}\} \\ &= P_r\{(P_{i-1})^{x_n} = (P_i \times P_{i-1}^{x'})/P_i'\} \\ &= P_r\{g^x (\bmod p) = \hat{y}\}\,(\text{根据引理}5\text{-}1) \\ &= 1/\rho \end{aligned} \quad (6\text{-}19)$$

综上所述，PPT 攻击者使用非法身份秘密值成功取代合法身份秘密值集合 $\{x_i\}$ 中任意元素的概率是一个可忽略的函数。

6.5.3　SCMEAP 性能分析

在 SCMEAP 中，C 选择 n 个随机数，总共执行 $\sum_{i=1}^{n} C_n^i$ 次模指数

运算，和 A、B_i 交互的次数为 $n+1$ 次。A 中随机选择 $n+1$ 个随机数，第一次与 B_i 交互执行 $n+1$ 次模指数运算，证明计算中执行 $n+1$ 次模指数运算。总共执行 $2n+2$ 次模指数运算。B_i 中选择 1 个随机数，使用 r 执行 $n+1$ 次模指数运算，使用 x_i 执行 $\sum_{i=1}^{n+1} i = \dfrac{(n+1)(n+2)}{2}$ 次模指数运算，总共执行 $\dfrac{(n+2)(n+3)}{2}$ 次模指数运算。A 与 B_i 之间的交互次数为 2 次。A 与 B_i 之间的交互次数为 2 次。可以看出，C 和 B_i 的计算规模较大，考虑到 C 的性能较强，而 B_i 的性能较弱，而且 C 的安全性优于 B_i，可将 B_i 的部分计算放于 C 中执行，由于 B_i 多次使用相同 x_i 对同一个参数执行模指数运算，可将这部分计算放于 C 中。C 为每个 B_i 节省了 $\sum_{i=1}^{n} i = \dfrac{n(n+1)}{2}$ 次模指数运算，B_i 的计算开销下降为 $2n+2$ 次模指数运算，而 C 的计算开销为 $\sum_{i=1}^{n} (C_n^i + ni)$。

6.6　抵御存储转发自私行为

如图 6-2 所示，3 个国家（A、B 和 C）实施联合执行深空探测任务，使用探测器探测本国感兴趣的深空区域，而数据转发节点由空间实体组成深空 DTN，转发实体归属于不同的国家，加之深空 DTN 数据包的转发方式是"存储转发"，因此一个数据包从源节点到达目的节点不仅可能经过多个不同国家的中间转发节点，而且可能使用多条不同路径。考虑到空间网络资源的稀缺性和机会传输的性质，因此不同国家的中间转发节点可能更倾向于转发本国的数据包。例如，路径

3 和路径 4 都经过中间转发节点 A5，由于 A5 属于国家 A，因此它更倾向转发探测器 A 的数据包，当资源有限或机会传输时，转发节点会选择性地丢弃探测器 B 的数据包。这种情况也会发生在转发节点 C3 上，C3 倾向转发本国探测器 C 的数据包。因此，如果每个国家的身份秘密值对应不同的证书，则转发中间节点可以根据证书识别数据包来源的具体国家，在半诚实的环境中选择性地丢弃，由于深空 DTN 数据包转发机制难以建立反馈保护机制，路径建立具有随机性，目的节点和源节点都不能控制和监控数据包的路径，从而为自私行为提供了机会。

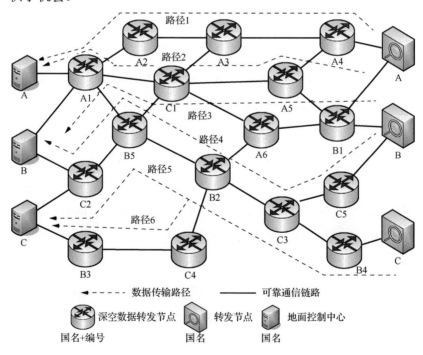

图 6-2　半诚实 DSDTN 数据转发

针对该情况，使用本章建议的实体身份认证机制，所有身份秘密值都对应一份证书，中间转发节点只能识别数据包的合法性，而不能识别数据包来源于哪个国家，从而提供了匿名性保护，自私行为节点在选择性丢包的同时，也面临丢弃本国数据包的危险。因此，建议的匿名共享证书实体认证协议能够防止半诚实环境深空 DTN 中数据转发的自私行为。

6.7 总　　结

本章给出了一种共享证书实体认证模型，根据此模型设计了两种共享证书协议，实体证明者以多项式系数作为实体证明材料，合法实体以该多项式的根作为身份证明的秘密值。该协议使得多个实体共享一份证书，实体证明者只需要保存一份证书就可以对任意多个实体进行认证。在安全性上，由于实体证明材料和证书不再具有一一对应的关系，实体认证者不能根据证书区别认证者，保护了身份认证者的匿名性，防止攻击者利用证书的使用情况分析认证实体，满足了半诚实环境中实体身份认证的匿名性安全需要。在存储效率上，不管实体数量的多少，实体证明者的证书开销为 1，在实体证明过程中没有查找证书环节，提高了认证效率。在计算效率上，证明者和挑战者的计算开销为 n。该实体认证协议适合半诚实环境中的深空 DTN 的需要。

第 7 章

自主密钥协议可抵御自适应选择密文攻击研究

7.1　引　　言

本章在自主密钥管理方案研究的基础上，设计可能够抵御自适应选择密文攻击[173]的密钥协商协议（Key Agreement Protocol Against Adaptive Chosen-Ciphertext Attack，KAPAACCA），并在随机预言模型[174]上证明该方案的正确性。

7.2　KAPAACCA 设计

设密钥管理中心 C 负责生成公开加密密钥 pk，具有私钥 sk 的合法成员 B_i（$i \in \{1, 2, \cdots, n\}$），加密者 S。选择素数阶有限域 G_p 和乘法循环群 G_p^* 的任一生成元 g_1，从域内随机选择 ε 计算 $g_2 = g_1^{\varepsilon}$。该协议分为 3 个部分：密钥生成过程、加密过程和解密过程。

7.2.1　KAPAACCA 密钥生成过程

步骤 1： B_i（$i \in \{1, 2, \cdots, n\}$）从集合 $\{1, 2, \cdots, p-2\}$ 中随机选择一个秘密值 x_i（$i \in \{1, 2, \cdots, n\}$），通过安全信道发送给 C。

步骤 2： 密钥管理中心 C 执行下列计算。

（1）搜集 n 个秘密值 x_i 后，从 $\{1, 2, \cdots, p-2\}$ 中随机选择秘密值 u，生成 $\{P_i\}$。

$$\begin{cases} P_1 = g_1^{p_1} \bmod p = g_1^{(x_1+x_2+x_3+\cdots+x_n)} \bmod p \\ P_2 = g_1^{p_2} \bmod p = g_1^{(x_1x_2+x_1x_3+\cdots+x_1x_n+x_2x_3+\cdots+x_{n-1}x_n)} \bmod p \\ \qquad\qquad\qquad\qquad \vdots \\ P_n = g_1^{p_n} \bmod p = g_1^{(x_1x_2\cdots x_i\cdots x_n+u)} \bmod p \end{cases} \qquad (7\text{-}1)$$

（2）针对秘密值 x_i，C 从 $\{1,2,\cdots,p-2\}$ 中随机选择秘密值 z_{i1}、z_{i2}、y_{i1} 和 y_{i2}，满足 $(P_n+u)z_{i1}+z_{i2}\varepsilon=(P_n+u)z_{j1}+z_{j2}\varepsilon, i\neq j$ 和 $(P_n+u)y_{i1}+y_{i2}\varepsilon=(P_n+u)y_{j1}+y_{j2}\varepsilon, i\neq j$ 这两个关系，计算式（7-2）的值。

$$\begin{cases} Z = g_1^{(p_n+u)z_{i1}} \times g_2^{z_{i2}} \pmod p \\ Y = g_1^{(p_n+u)y_{i1}} \times g_2^{y_{i2}} \pmod p \\ h = g_1^{u} \pmod p \end{cases} \qquad (7\text{-}2)$$

（3）C 将 $<\{P_i\},Z,Y,h>$ 公开，通过安全信道将 z_{i1}、z_{i2}、y_{i1} 和 y_{i2} 发送给 B_i。

该阶段结束后，B_i 秘密拥有秘密值集合 $\{x_i\}$ 中的一个秘密 x_i 和哈希函数 $H(\cdot)$，其私钥 $\{sk_i \mid i \in \{1,2,\cdots,n\}\}$ 为式（7-3）。

$$sk_j = <x_i, z_{i1}, z_{i2}, y_{i1}, y_{i2}, pk, H(\cdot)> \qquad (7\text{-}3)$$

S 拥有 $\{P_i\}$ 和消息认证码 $H(\cdot)$，其公钥 pk 为式（7-4）。

$$pk = <g_1, g_2, \{P_i\}, Z, Y, h, H(\cdot)> \qquad (7\text{-}4)$$

7.2.2　KAPAACCA 加密过程

当加密者需要将明文 m 通过公开信道发送给 B_j 时，加密者需要

使用公钥 pk 执行以下步骤。

步骤 1：从 $\{1,2,\cdots,p-2\}$ 中随机选择秘密值 r 和公钥中的 h，计算式（7-5）。

$$c^* = h^r \cdot m(\text{mod } p) = g_1^{ru} \cdot m(\text{mod } p) \tag{7-5}$$

步骤 2：对 $\{P_i\}$ 进行计算得式（7-6）。

$$\begin{cases} P_0' = g_1^r (\text{mod } p) \\ P_1' = P_1^r = g_1^{rp_1} (\text{mod } p) \\ \vdots \\ P_i' = P_i^r = g_1^{rp_i} (\text{mod } p) \\ \vdots \\ P_n' = (P_n \cdot h)^r = g_1^{rp_n + ru} (\text{mod } p) \end{cases} \tag{7-6}$$

步骤 3：计算 $\lambda_1 = g_2^r \text{ mod } p$，$\alpha = h(P_n', \lambda_1, c^*)$ 和 $\beta = Z^r \cdot Y^{r\alpha}$。

步骤 4：加密者将 $\{P_i'\}$、λ_1、β 和 c^* 发送给 B_j，计算密文 c 为式（7-7）。

$$c = <\{P_i'\}, \lambda_1, \beta, c^*> \tag{7-7}$$

7.2.3　KAPAACCA 解密过程

当 B_j 得到密文 c 后，它使用 sk_j 解密，步骤如下。

步骤 1：根据 P_n'、λ_1 和 c，计算 $\alpha = H(P_n', \lambda_1, c)$，验证式（7-8）是否成立。

$$(P_n')^{z_{i1} + ay_{i1}} \cdot \lambda_1^{z_{i2} + ay_{i2}} = \beta \tag{7-8}$$

步骤 2：如果式（7-8）成立，计算 $(P_i')^{x_j^{n-i}}$（$i \in \{0,1,2,\cdots,n\}$）。

步骤 3：B_j 执行解密过程，解密过程见式（7-9）。

$$m = c^* / \prod_{i=0}^{n} (P_i')^{x_j^{n-i}} \tag{7-9}$$

7.3　KAPAACCA 安全性分析

7.3.1　KAPAACCA 正确性

针对验证过程的正确性，计算式（7-10）。

$$\alpha = H(P_n', \lambda_1, c^*) \tag{7-10}$$

验证过程为式（7-11）。

$$
\begin{aligned}
(P_n')^{z_{i1}+ay_{i1}} \cdot \lambda_1^{z_{i2}+ay_{i2}} &= g_1^{r(p_n+u)(z_{i1}+\alpha y_{i1})} \cdot g_2^{r(z_{i2}+\alpha y_{i2})} \bmod p \\
&= g_1^{r(p_n+u)z_{i1}} \cdot g_2^{rz_{i2}} \cdot g_1^{\alpha r(p_n+u)y_{i1}} \cdot g_2^{\alpha ry_{i2}} \bmod p \\
&= (g_1^{(p_n+u)z_{i1}} \cdot g_2^{z_{i2}})^r \cdot (g_1^{(p_n+u)y_{i1}} \cdot g_2^{y_{i2}})^{\alpha r} \bmod p \quad (7\text{-}11) \\
&= Z^r \cdot Y^{\alpha r} \\
&= \beta
\end{aligned}
$$

针对解密过程的正确性，式（7-9）的分母能够计算得到式（7-12）的结果。

$$\prod_{i=0}^{n} (P_i')^{x_j^{n-i}} = g_1^{\sum_{i=0}^{n} p_i r x_j^{n-i} + ru} (\bmod\ p) = g_1^{r \prod_{i=1}^{n} (x_j - x_i) + ru} (\bmod\ p) \tag{7-12}$$

如果条件 $x_j \in \{x_i\}$ 满足，则 $\prod_{i=1}^{n}(x_j - x_i) = 0$ ，进一步得到式（7-13）。

$$\prod_{i=0}^{n}(P_i')^{x_j^{n-i}} = g_1^{ru}(\bmod p) \qquad (7\text{-}13)$$

由于 $c^* = m \cdot g_1^{ru}(\bmod p)$ ，所以得到式（7-14）。

$$c^* / \prod_{i=0}^{n}(P_i')^{x_j^{n-i}} = m \qquad (7\text{-}14)$$

因此，只要解密者拥有解密密钥集合 $\{sk_i\}$ 中的任意一个，解密者就可以对信息进行正确解密。反之，如果 $x_j \notin \{x_i\}$ ，则 $\lambda_1^{x_j}\prod_{i=1}^{n}P_i^{x_j^{n-i}} \neq g^{ru}(\bmod p)$ ，所以 $c^* / \prod_{i=0}^{n}P_i^{x_j^{n-i}} \neq m$ 。

7.3.2　KAPAACCA 私密性

定理 7-1：具有多项式时间的攻击者从 KAPAACCA 的公开信息中获取 $g^{ru}(\bmod p)$ 的概率是一个可忽略的函数。

证明：攻击者获取的公开信息包括 $P_0' = g^r(\bmod p)$ 、 $h = g^u(\bmod p)$ 和 $P_n' = g^{r\prod_{i=1}^{n}x_i + ru}(\bmod p)$ ，根据计算性迪菲-赫尔曼（Computational Diffie-Hellman，CDH）问题[175]，已知 $P_0' = g^r(\bmod p)$ 、 $h = g^u(\bmod p)$ ，求 $g^{ru}(\bmod p)$ 是难解问题。由于在 $P_n' = g^{r\prod_{i=1}^{n}x_i + ru}(\bmod p)$ 中， r 和 u 为随机选择的数， $\{x_i\}$ 为固定的值，因此 P_n' 的分布和从 G_p 随机选择 P_n' 的分布相同，即满足式（7-15）。

$$\begin{aligned}
& P_r[y = g^{ru}(\bmod p)] \\
&= P_r[P_n = g^{r\prod_{i=1}^{n}x_i + ru}(\bmod p)] \\
&= 1/|G| \approx 1/O(2^n)
\end{aligned} \qquad (7\text{-}15)$$

因此攻击者正确计算 $g^{rt} \pmod p$ 的概率是一个可忽略的函数。

7.3.3　自适应选择密文攻击

定理 7-2：在决定性迪菲-赫尔曼（Decisional Diffie-Hellman，DDH）难解问题假设下，KAPAACCA 的加密/解密方案 $\prod = (Gen, Enc, Dec)$ 是自适应选择密文攻击（CCA2）密文不可区分的，即对所有的概率多项式时间攻击者 attack，存在一个可忽略的函数，使得式（7-16）成立。

$$P_r[PubK_{attack,\Pi}^{CCA}(n)=1)] \leqslant \frac{1}{2} + negl(n) \qquad （7-16）$$

证明：将对 KAPAACCA 实施的 CCA2 攻击问题归约为一个 DDH 问题，如果攻击者能够以不可忽略的概率成功攻击单加密密钥多解密密钥加密/解密协议，则它也能以不可忽略的概率成功攻击 DDH 问题。

构造一个模拟器，输入四元组 $<g_a, g_b, u_a, u_b>$，如果 $<g_a, g_b, u_a, u_b>$ 为一个合法的四元组，如 $<g_a = g^z, g_b = g_1^x, u_a = g_1^y, u_b = g_1^{xyz}>$，则称 $<g_a, g_b, u_a, u_b> \in D$，否则 $<g_a, g_b, u_a, u_b> \in R$。攻击四元组 $<g_a, g_b, u_a, u_b>$ 与攻击 DDH 问题等价，因为 $<g_a = g^{P_n+u}, g_b = g^{P_n+ux}, u_a = g^{P_n+ur}, u_b = g^{xr(P_n+u)}>$ 等价于 $<g_a = g^{P_n+u}, g_b = g_a^x, u_a = g_a^r, u_b = g_a^{xr}>$。

模拟器与 attack 进行互动的过程如下。

阶段 1：当输入四元组 $<g_1, g_2, u_1, u_2>$，模拟器选择 $<z_1, z_2, y_1, y_2, r_1, r_2>$，按照 KAPAACCA 计算公钥 $pk = <g_1, g_2, \{P_i^*\}, Z = g_1^{z_1}g_2^{z_2}, Y = g_1^{z_1}g_2^{z_2}, h = g_1^{u_1}g_2^{u_2}, H(\cdot)>$ 发送给 attack。

阶段 2：attack 提供一个密文 $c_j = <i_{j,1}, i_{j,2}, \beta, c^*>$，模拟器对该密文解密得到 m_j，其解密密钥为 $i_{j,1}^{r_1} i_{j,2}^{r_2}$。

阶段 3：模拟器从 attack 中得到一对明文 m_0 和 m_1，随机选取 $b \in [0,1]$，加密 m_b 得到密文 $c = u_a^{r_1} u_b^{r_2} m_b$ 和 $v = u_a^{z_1 + \varepsilon y_1} u_b^{z_2 + \varepsilon y_2}$，并将其发送给 attack。

阶段 4：与阶段 2 相同，模拟器继续对 attack 提供解密服务，但是如果 $c_j = c$，则拒绝其服务。

阶段 5：模拟器最后从 attack 收到 b 的值，回答 $<g_1, g_2, u_1, u_2> \in D$ 或 $<g_1, g_2, u_1, u_2> \in R$。

显然如果 $<g_1, g_2, u_1, u_2> \in D$，攻击者每次输入的密文 $c = <\{P_i'\}, \lambda_1, \beta, c^*>$，满足 $P_n' = P_n^{r_j}$，$\lambda_1 = g_2^{r_j}$，则模拟器能够正确执行协议，即如果 $<g_1, g_2, u_1, u_2> \in D$ 且输入正确的情况下，攻击者可以以不可忽略的概率成功猜测 b。

推理 7-1：当四元组 $<g_1, g_2, u_1, u_2>$ 满足 $<g_1, g_2, u_1, u_2> \in D$，$b$ 是统计独立的，即攻击者成功送出密文的概率是一个可以忽略的函数，且该密文 $c = <\{P_i'\}, \lambda_1, \beta, c^*>$ 满足 $P_n' = P_n^{r_j}$，$\lambda_1 = g_2^{r_j} \bmod p$，$r_j \neq r_j^*$。

证明：阶段 2 中发送的密文 $c_j = <\{P_{j,i}'\}, \lambda_{j,1}, \beta_j, c_j^*>$，且 $P_n' = g_1^{(\sum_{i=1}^{n} x_i + u) r_j} \bmod p$，$\lambda_{j,1} = g_2^{r_j^*} \bmod p$，$r_j \neq r_j^*$，密文通过验证式（7-17）。

$$\beta_j = P_{j,n}^{(z_1 + y_1 \alpha)} \cdot \lambda_{j,1}^{(z_2 + y_2 \alpha)} = g_1^{r_j(\sum_{i=1}^{n} x_i + u)(z_1 + y_1 \alpha)} \cdot g_2^{r_j^*(z_2 + y_2 \alpha)} \quad (7\text{-}17)$$

令 $g_2 = g_1^x$，则式（7-17）转化为式（7-18）。

$$\log_{g_1} \beta_j = (r_j(\sum_{i=1}^{n} x_i + u)(z_1 + y_1 \alpha_j) + x r_j^*(z_2 + y_2 \alpha_j)) \bmod q \quad (7\text{-}18)$$

其中 $\alpha_j = H(P'_n, \lambda_1, c^*_j)$。

攻击者从公钥中得到的信息为式（7-19）。

$$\begin{cases} Z = g_1^{(p_n+u)z_1} \times g_2^{z_2} \pmod{p} \\ Y = g_1^{(p_n+u)y_1} \times g_2^{y_2} \pmod{p} \end{cases} \Rightarrow \begin{cases} \log_{g_1} Z = (p_n + u)z_1 + xz_2 \pmod{p} \\ \log_{g_1} Y = (p_n + u)y_1 + xy_2 \pmod{p} \end{cases}$$

$$(7\text{-}19)$$

根据上述信息可以得到矩阵为式（7-20）。

$$\begin{bmatrix} (\sum_{i=1}^n x_i + u) & x & 0 & 0 \\ 0 & 0 & (\sum_{i=1}^n x_i + u) & x \\ r_j(\sum_{i=1}^n x_i + u) & xr_j^* & r_j(\sum_{i=1}^n x_i + u)\alpha_j & xr_j^*\alpha_j \end{bmatrix} \times \begin{bmatrix} z_1 \\ z_2 \\ y_1 \\ y_2 \end{bmatrix} = \begin{bmatrix} \log_{g_1} Z \\ \log_{g_1} Y \\ \log_{g_1} \beta_j \end{bmatrix}$$

$$(7\text{-}20)$$

假设攻击者的能力是无限的，因此 $(p_n + u)$、x 的值已知，且 $(p_n + u) \neq 0$，$x \neq 0$，则矩阵可以转化为式（7-21）。

$$\begin{bmatrix} 1 & x & 0 & 0 \\ 0 & 1 & 0 & \alpha_j \\ 0 & 0 & 1 & x \end{bmatrix} \qquad (7\text{-}21)$$

由于此该矩阵的秩为 3，式（7-20）的解的个数为 $|G|$，因此攻击者成功送出密文的概率是 $1/|G|$。因此攻击者在输入错误的密文的情况下，通过验证概率是一个可忽略的函数。因此攻击者能够在 $<g_1, g_1, u_1, u_2> \in D$ 的情况下以不可忽略的函数区别 m_0 和 m_1。

显然如果 $<g_1, g_2, u_1, u_2> \in R$，攻击者每次输入密文 $c = <\{P'_i\}, \lambda_1, \beta, c^*>$ 满足 $P'_n = P_n^{r_j}$，$\lambda_1 = g_2^{r_j}$，则协议不能正确地执行，模拟器拒绝输入。在被动攻击情况下，$<g_1, g_2, u_1, u_2> \in R$，攻击者从

阶段 3 中获取的信息包括式（7-22）和式（7-23）。

$$\begin{bmatrix} 1 & \log_{g_1} g_2 \\ r_1 & r_2^* \log_{g_1} g_2 \end{bmatrix} \times \begin{bmatrix} u_1 \\ u_2 \end{bmatrix} = \begin{bmatrix} \log_{g_1} h \\ \log_{g_1} (c/m_0) \end{bmatrix} \bmod p \qquad (7\text{-}22)$$

$$\begin{bmatrix} 1 & \log_{g_1} g_2 \\ r_1 & r_2^* \log_{g_1} g_2 \end{bmatrix} \times \begin{bmatrix} u_1 \\ u_2 \end{bmatrix} = \begin{bmatrix} \log_{g_1} h \\ \log_{g_1} (c/m_1) \end{bmatrix} \bmod p \qquad (7\text{-}23)$$

两个矩阵都是满秩的，因此对于 $<u_1, u_2>$ 都有唯一的解，攻击者无法验证这两种情况中哪一个是正确的，因此即使攻击者具有无限攻击能力，它也无法区分密文 c 的明文，因此 c 具有语义安全性。

推理 7-2：当四元组 $<g_1, g_2, u_1, u_2>$ 满足 $<g_1, g_2, u_1, u_2> \in R$ ，b 是统计独立的，即攻击者成功送出密文的概率是一个可以忽略的函数，且该密文 $c = <\{P_i'\}, \lambda_1, \beta, c^*>$ 满足 $P_{n,j}' = P_n^{u_j}$ ，$\lambda_{1,j} = g_2^{r_j^*} \bmod p$ ，$r_j \neq r_j^*$ 。

证明：如果 $<g_1, g_2, u_1, u_2> \in R$ ，且攻击者正确输入，则模拟器拒绝输入密文。同时除了推理 7-2 中的信息，由于 u_2 是一个随机数，因此攻击者可以从阶段 3 中得到另一个方程为

$$\beta = u_1^{z_1 + y_1 \alpha} u_2^{x_2 + y_2 \alpha} \Rightarrow \log_{g_1} \beta = r'(p_n + u)(z_1 + y_1 \alpha) + \delta(z_2 + y_2 \alpha) \bmod p$$

得到矩阵为

$$\begin{bmatrix} (\sum_{i=1}^n x_i + u) & x & 0 & 0 \\ 0 & 0 & (\sum_{i=1}^n x_i + u) & x \\ r_j(\sum_{i=1}^n x_i + u) & xr_j^* & r_j(\sum_{i=1}^n x_i + u)\alpha_j & xr_j^*\alpha_j \\ r'(\sum_{i=1}^n x_i + u) & \delta & r'(p_n + u)\alpha & \delta\alpha \end{bmatrix} \times \begin{bmatrix} z_1 \\ z_2 \\ y_1 \\ y_2 \end{bmatrix} = \begin{bmatrix} \log_{g_1} Z \\ \log_{g_1} Y \\ \log_{g_1} \beta_j \\ \log_{g_1} \beta \end{bmatrix}$$

$$(7\text{-}24)$$

化简得到矩阵为

$$\begin{bmatrix} 1 & x & 0 & 0 \\ 0 & 1 & 0 & \alpha_j \\ 0 & 0 & 1 & x \\ 0 & 0 & 0 & (a-a_j)(\delta-xr') \end{bmatrix} \tag{7-25}$$

当 $(a-a_j)(\delta-xr')\neq 0$，矩阵的秩为 4，$<z_1,z_2,y_1,y_2>$ 有唯一的解，因此攻击者的密文被成功验证的概率是 $1/|G|$，即如果 $<g_1,g_2,u_1,u_2>\in R$，则攻击者的密文被成功验证的概率为 $1/|G|$。当 $\delta=xr' \bmod p$ 时，满足 $u_2=g_1^{xr(P_n+u)}$，攻击者在不知道 $\{x,r,p_n+u\}$ 的情况下，成功猜中的概率为一个可忽略的函数。当 $a=a_j$ 时，满足 $H(P'_{n,j},\lambda_{1,j},c^*)=H(u_1,u_2,c)$，由于 $(P'_{n,j},\lambda_{1,j},c^*)\neq(u_1,u_2,c)$，根据哈希函数性质，该事件发生也是一个可忽略事件，因此推理 7-2 成立。

综上所述，如果攻击者必定能够以不可忽略的概率区分 m_0 和 m_1，则模拟器能够以不可忽略的概率区分 $<g_1,g_2,u_1,u_2>\in R$ 和 $<g_1,g_2,u_1,u_2>\in D$。由于区分 $<g_1,g_2,u_1,u_2>$ 是一个 DDH 难解问题，因此攻击者能够区分 m_0 和 m_1 的概率是可忽略不计的，定理满足。

7.4　KAPAACCA 性能分析

7.4.1　存储开销

在密钥生成阶段，每个成员获取的私钥形式为 $<x_i,z_{i1},z_{i2},y_{i1},y_{i2}>$，

设 G_p^* 的长度为 l，则每个成员存储解密密钥的存储开销为 $5l$。公钥为 $<\{P_i\},Z,Y,h> i \in \{1,2,\cdots,n\}$，成员为存储公钥需要的存储开销为 $(n+3)l$。所以，成员存储解密密钥开销为一个常量，与成员规模无关，存储加密密钥的开销与成员规模成线性关系。

7.4.2　通信开销

在密钥生成阶段，密钥管理中心给每个成员发送的协议预分发信息包括 $sk_j = <x_i,z_{i1},z_{i2},y_{i1},y_{i2},\{P_i\},Z,Y,h>$，通信开销为 $(n+5)l$。加密过程中，加密者发送信息为 $c = <\{P_i'\},\lambda_1,\beta,c^*>$，通信开销为 $(n+4)l$。

7.4.3　计算开销

协议中最复杂的计算是模指数运算。在密钥生成阶段，密钥管理中心 C 计算 $\{P_i\}$ 执行 $\sum_{i=1}^{n}C_n^i$ 次模指数运算，计算 g_2 执行一次模指数运算，计算 $<Z,Y,h>$ 执行 5 次模指数运算，密钥管理中心总共执行 $\sum_{i=1}^{n}C_n^i+6$ 次模指数运算。在加密阶段，计算 $\{P_i'\}$ 执行 $n+1$ 次模指数运算，计算 $<\lambda_1,\beta,c^*>$ 执行 5 次模指数运算和一次哈希函数计算。

7.4.4　更新开销

与 OMEDP 相比，KAPAACCA 在更新开销上具有更好的优势，

OMEDP 通过 $a+b-1$ 次多项式函数（a 和 b 为整型参数，且 $a \geqslant 1$，$b \geqslant 1$）为每个成员计算解密私钥，一旦成员加入或退出，为保证前向和后向安全性，密钥管理中心为每个成员重新计算和分配解密私钥。KAPAACCA 中各成员具有独立的解密密钥，因此当一个成员加入或退出时，密钥管理中心只需要更新公开加密密钥，而无须更新非更新节点的解密密钥，从而将更新规模降至最小。在计算量上，OMEDP 需要重新执行密钥协议为每个成员生成新的加密/解密资料，计算量与网络规模成线性关系，而 KAPAACCA 中密钥管理中心只需要重新计算公钥，其计算量与网络规模成线性关系，只有当 $b=1$ 时，OMEDP 与 KAPAACCA 的计算量规模相同。如表 7-1 给出了两种协议的更新性能对比。

表 7-1　KAPAACCA 与 OMEDP 更新性能对比

协议	加入		退出	
	消息开销	计算开销	消息开销	计算开销
OMEDP	n	$[a+b(n+1)]E$	$n-1$	$[a+b(n-1)]E$
KAPAACCA	1	$(n+3)M$	0	$(n+1)M$

说明：E 为双线性对上倍点运算，M 为模指数运算，n 为成员规模。

7.5　总　　结

本章主要提出了一种适合动态网络的单加密密钥多解密密钥协

议。通过 ElGamal 算法给出公开加密密钥和私有解密密钥形式，协议中只有一个公开加密密钥，每个成员具有不同的私有解密密钥，任意解密密钥能够成功解密公开加密密钥加密的信息。同时，KAPAACCA 能够抵抗自适应选择密文攻击，具有公开密钥加密机制的最高安全性质。在更新性能上，更新规模只涉及加入或退出节点，将更新成员规模降至最小，所以 KAPAACCA 适合深空动态网络的密钥管理。

第 8 章

结　论

深空探测是人类进行空间环境观测与研究、空间资源开发与利用、空间科学与技术创新的重要技术手段。为了建立深空探测和地面控制中心之间的通信连接，深空 DTN 应运而生。深空 DTN 与地面无线网络不同，它并不假定通信实体间具有可靠端到端链接，长距离、高延时、大损耗和窄带宽使得深空 DTN 设计面临巨大的挑战。同时由于复杂的深空环境，难以提供实时人工服务和探测任务的丰富性，需要深空 DTN 具有自主通信的能力。随着高性能处理器和可持续原子能电池的问世，深空网络实体在非地面控制中心支持下根据深空网络上下文情景自主地执行通信任务成为可能。

深空 DTN 密钥管理是深空 DTN 安全研究的重要基础性内容，深空 DTN 密钥管理协议建立在通信协议基础上，因此它也面临非可靠端到端服务、间断连接和长延时问题。设计基于自主的深空 DTN 密钥管理方案，不仅可以提供可靠端到端链接的密钥管理服务，而且支持网络实体本地化自主的注册、更新和撤销密钥。该研究具有十分重要的理论和实际应用价值，其主要研究工作和创新成果如下。

（1）提出一种自主深空 DTN 安全体系结构，通过深空 DTN 网络自主密钥管理协议栈和自主密钥管理结构，提出自主深空 DTN 密钥管理的基本概念和机制。自主的星上处理能力是未来深空网络的发展方向，空间实体既能在可靠端到端链路支持的地面控制中心下运行网络服务，也能无须地面控制中心支持在本地根据上下文情景支持自主的网络服务。针对深空 DTN 长延时和非可靠端到端服务的问题，设计基于自主的深空 DTN 密钥管理结构，深空网络实体即可在地面密钥管理中心的支持下执行可靠端到端链接的密钥管理服务，也可以在非可靠端到端和长延时下在本地自主地执行密钥管理服务，减少密钥管理延时，降低对地面密钥管理中心的依赖，提高深空 DTN 密钥管理的灵活性。提出自主深空 DTN 安全体系结构的 4 种属性：自组织、自配置、自优化和自保护，指出自保护是自主密钥管理的核心属性。基于单加密密钥多解密密钥加密/解密模型设计独立密钥更新模型和自主密钥更新模型，证明自主密钥更新模型满足自保护属性。

（2）提出一种基于门限密钥和双线性对的深空 DTN 网络密钥管理方案，该组播密钥管理方案具有单加密密钥多解密性质。该方案通过门限密钥的共享秘密乘积机制将一个密钥碎片进一步分解为两个因子乘积，网络成员将其中一个因子作为解密密钥，当有成员退出或加入网络时，网络成员保持秘密解密密钥不变，更新组播源密钥碎片的另一个因子和公开加密密钥资料，从而保证密钥更新的前向和后向安全性，同时由于每次节点退出时，共享主加密密钥被更新，即使超出门限数量的密钥碎片被攻击者窃取，也不能构造出正确的解密/加密信息，在安全性上具有抗合谋攻击能力。进一步地，密钥更新中群组成员的秘密解密密钥保持不变进而减少成员交互，比传统的基于门限密钥的单加密密钥多解密密钥管理方案在消息开销上具有更好的更新性能，适合传输延时有限的动态网络密钥管理。该方案的提出验证了具有单加密多解密密钥性质的密钥管理方案在密钥更新上具有比单加密单解密密钥性质的密钥管理方案更好的性能，进一步证明独立密钥更新模型的可行性。

（3）提出一种自主的深空 DTN 密钥管理方案，通过多次方程在 DH 协议基础上设计一种具有自主能力的单加密密钥多解密密钥加密/解密协议，方程根为私有解密密钥，方程系数构造唯一公开加密密钥，具有任意方程根的成员都能成功对公开加密密钥加密的信息解密，并能在不破坏其他方程根的合法性的前提下自主地注册、撤销和更新本身私有解密密钥。基于提出的单加密密钥多解密密钥加密/解密协议设计自主深空 DTN 密钥管理方案，当节点加入或退出时，只需要更新公开加密密钥和自身秘密密钥，其他非更新节点密钥保持不变，使得更新节点在无须密钥管理中心支持下自治完成密钥更新任务，限定更新范围为单个节点，利于深空网络对密钥的本地化自主管理和维护。该方案的提出保证了深空 DTN 密钥管理具有自保护、自组织和自配置的特性，符合自主密钥更新模型。实践证明自主密钥更新模型的可行性。

（4）在具有自主能力的单加密密钥多解密密钥加密/解密协议基础上，给出 3 种优化方案。在群组密钥管理上，通过单加密密钥多解密密钥加密/解密协议优化逻辑密钥树，利用一个公钥对应多个私钥的性质，减少了加密/解密次数和交互轮数，进而减少更新消息和会话密钥传输消息，提高群组密钥管理的传输效率；在动态网络密钥管理的合并/分裂操作上，基于双线性对提出一种自组织单加密密钥多解密密钥加密/解密协议，网络成员无须因加密密钥的更新而更新私有的解密密钥，且支持非全部成员交互的密钥更新过程，当网络合并时，成员只需合并公开的加密密钥材料就能计算出新的加密密钥；当网络分裂时，成员只需从公开密钥材料中选择部分资料就能计算出新的加密密钥，该特性适合网络延时要求严格的场景。优化提出的单加密密钥多解密密钥加密/解密协议的安全性，证明协议能抵御自适应选择密文攻击。在身份认证安全性上，基于单加密密钥多解密密钥加密/解密协议提出一种共享证书匿名实体认证协议，保证验证者只能验证挑战者身份的合法性，而不能识别挑战者的具体身份，从而提供了匿名性保护，支持深空 DTN 网络的分片数据包的校验。上述研究进一步证明单加密密钥多解密密钥加密/解密协议具有自组织、自优化的能力，并具有较高的安全性。

综上所述，自主化的深空 DTN 密钥管理提供本地化的自主密钥管理方法，成员可在无须密钥管理中心支持的情况下自主地注册、更新和撤销自己的私有合法密钥材料，而不具有破坏其他成员的秘密密钥材料合法性的能力，不仅能够满足动态网络密钥管理的前向和后向安全性，而且具有自保护性。在效率上，无须密钥管理中心支持、同步性和所有全体成员的密钥资料的交互，减少了密钥管理的延时和更新范围，降低了对可靠端到端链路的依赖。因此，单加密密钥多解密密钥加密/解密协议和自主化密钥管理方案适合深空 DTN 网络安全需求。

然而深空 DTN 的密钥管理并不是一蹴而就的，针对它的研究才刚刚开始。单加密密钥多解密密钥加密/解密协议优良的性质不仅仅限定深空 DTN 的安全协议设计，并且支持更为通用的安全协议设计。自主密钥管理的自保护属性丰富了群组密钥管理安全性能。上述内容为自主密钥管理研究和深空 DTN 安全研究提供了丰富的研究内容。因此，下一步的主要研究工作如下。①安全结构研究。基于单加密密钥多解密密钥一对多的密钥物理结构，设计异构自适应空间安全策略，根据安全态势自主地调整密钥管理策略。②密钥更新模型研究。进一步丰富和增强自主密钥更新模型的安全性，使其能够抵御重放、伪造和拒绝服务攻击。③密钥管理方案研究。设计新型自主密钥管理方案，除满足自组织、自配置、自优化和自保护 4 个属性外，还具有更为优秀的密钥管理性能。④计算开销优化。自主密钥管理的本地自主密钥更新是以牺牲计算开销为代价获取密钥更新延时降低，计算开销与网络规模相关。虽然可以以分层分簇技术优化计算开销，却与前向和后向安全性矛盾。基于对称密钥设计单加密密钥多解密密钥加密/解密协议和利用计算效率更优的密钥基础协议是降低计算开销的技术希望，因此后续研究以延时为第一优化的目标情况下，降低计算开销是自主密钥管理方案的次优化目标。⑤自保护安全性证明。目前自主密钥管理的自保护性只是给出了形式化的证明方式，还需要在可证明安全理论模型上进一步的验证。⑥丰富安全协议。进一步研究单加密密钥多解密密钥加密/解密协议对密钥交互协议、消息签名、数字认证、安全多方计算等基础安全协议的支撑作用，如设计非同步机制的密钥交互协议。⑦支持 AKMS 的深空 DTN 协议栈 BP 层设计，目前 BP 层安全字段不能满足 AKMS 和 OMEM 协议设计，因此设计满足 AKMS 和 OMEM 的 BP 层安全字段也是十分必要的。⑧AKMS 与存储转发策略结合。AKMS 的单加密密钥多解密密钥的一对多结构特性能够优化存储转发数据包的安全策略，这一点已经在匿名共享证书实体认证协议中得到证实。

上述研究方向将是未来的目标，通过这些工作进一步延展单加密密钥多解密密钥加密/解密协议和 AKMS 的理论和技术基础，丰富深空 DTN 密钥管理内容和增强安全协议性能。

参 考 文 献

[1] 中国科学院空间领域战略研究组. 中国至 2050 年空间科技发展路线图[M]. 北京: 科学出版社, 2009.

[2] 王岩松, 张峰, 张智慧, 等. 2012 年国外载人航天发展综合分析[J]. 载人航天, 2013, 19(1): 91-96.

[3] 庞征. 2012 年的中国航天活动[J]. 国际太空, 2013 (2): 2-16.

[4] ZHENG Y C, OUYANG Z Y, LI C L, et al. China's Lunar Exploration Program: Present and future[J]. Planetary and Space Science, 2008, 56(7): 881-886.

[5] 廖新浩. 行星科学和深空探测研究与发展[J]. 中国科学院院刊, 2011, 26(5): 504-510.

[6] 石书济. 深空探测与测控通信技术[J]. 电讯技术, 2001 (2): 1-4.

[7] 雷厉, 胡建平, 朱勤专. 未来飞行器测控通信体系结构及关键技术[J]. 电讯技术, 2011, 51(7): 1-6.

[8] POSNER E C, STEVENS R. Deep Space Communiciation-Past, Present, and Future[J], IEEE Communications Magazine, 1984, 22(5):8-21.

[9] KAUSHAL H, KADDOUM G. Optical Communication in Space: Challenges and Mitigation Techniques[J]. IEEE Communications Surveys & Tutorials, 2017,19(1):57-96.

[10] ALLEN E H. The Case for Near Space[J]. Aerospace America, 2006, 44(2): 31-34.

[11] DAVARIAN F, POPKEN L. Technical Advances in Deep-Space Communications and Tracking[J]. Proceedings of the IEEE, 2007, 95(11): 2108-2110.

[12] WILLIAMSON M. Deep space communications[J]. IEEE Review, 1998, 44(3): 119-122.

[13] 张乃通, 李晖, 张钦宇. 深空探测通信技术发展趋势及思考[J]. 宇航学报, 2007, 28(4): 786-793.

[14] AKYILDIZ I F, AKAN Ö B, CHEN C, et al. InterPlaNetary Internet: State-of-the-art and Research Challenges[J]. Computer Networks, 2003, 43(2): 75-112.

[15] BHASIN K, HAYDEN J L. Space Internet Architecture and Technologies for NASA Enterprises[J]. International Journal of Satellite Communications, 2002, 20(5): 311-332.

[16] BHASIN K, HAYDEN J, AGRE J R, et al. Advanced Communication and Networking Technologies for Mars Exploration[J]. Annu. AIAA Int. Communications Satellite Systems Conf, 2001.

[17] BURLEIGH S A, CERF V, DURST R, et al. The InterPlanetary Internet: A Communications Infrastructure for Mars Exploration[J]. Acta Astronautica, 2003, 53(4-10): 365-373.

[18] 叶建设, 宋世杰, 沈荣骏. 深空通信 DTN 应用研究[J]. 宇航学报, 2010, 31(4): 941-949.

[19] 贺朝会, 李国政, 罗晋生, 等. CMOS SRAM 单粒子翻转效应的解析分析[J]. 半导体学报, 2000, 21(2): 174-179.

[20] 韩建伟, 徐跃民, 黄建国, 等. 航天元器件和材料空间环境效应分析试验技术发展思考[C]. 第十二届全国日地空间物理学术讨论会论文摘要集, [出版者不详], 2007: 138.

[21] EDWARDS C, DEUTSCH L, GATTI M, et al. The Status of Ka-band Communications for Future Deep Space Missions[C]. Proceedings of the Third Ka Band Utilization, 1997: 219-225.

[22] MANDUTIANU S. Space Networking Interacting in Space Communication Networks[C]. IEEE Aerospace Conference Proceedings. IEEE, 2000, 6: 193-202.

[23] CHOI K K, MARAL G, RUMEAU R. New Generation Space Communication Protocol Standard for Multi-hopped File Transfer[C]. IEEE Vehicular Technology Conference. IEEE, 1999: 161-165.

[24] SCHIER J, RUSH J, VROTSOS P. Space communication architecture supporting exploration and science: Plans & studies for 2010-2030[C]. 1st Space Exploration Conference: Continuing the Voyage of Discovery. AIAA, 2012, 2005- 2517.

[25] BOOK G. Overview of space communications protocols:Report concerning space data system standards[Z]. Informational Report CCSDS 130.0-G-2. 2007.

[26] 陈宇, 孟新, 张磊. 空间信息网络协议体系分析[J]. 计算机技术与发展, 2012, 22(6): 1-5.

[27] BHASIN K, HAYDEN J. Developing architectures and technologies for an evolvable NASA space communication infrastructure[C]. 22nd AIAA International Communications Satellite Systems Conference and Exhibit, AIAA, 2004: 1180-1191.

[28] Consultation Committee for Space Data System (CCSDS), Overview of Space Communications Protocols[S/OL]. CCSDS Ducuments 130.0-G-3, 2014 [2022-12-12]. https://public.ccsds.org/Publications/AllPubs.aspx.

[29] Consultation Committee for Space Data System (CCSDS), Space Communications Protocol Specification (SCPS)—Transport Protocol[S/OL]. CCSDS 714.0-B-2, 2006[2022-12-12]. https://public.ccsds.org/Publications/AllPubs.aspx.

[30] Consultation Committee for Space Data System (CCSDS), Space Communications Protocol Specification (SCPS)- Space Data Link Security Protocol[S/OL]. CCSDS 355.0-B-2, 2022[2022-12-12]. https://public.ccsds. org/Publications/AllPubs.aspx.

[31] Consultative Committee for Space Data Systems. Space Communications Protocol Specification(SCPS)Transport Protocol[S]. CCSDS 714. 0-B-2, Washington: CCSDS, 2006.

[32] Consultation Committee for Space Data System (CCSDS), Space Communications Protocol Specification (SCPS)- CCSDS File Delivery Protocol (CFDP)[S/OL], 2020 [2022-12-12]. https://public.ccsds. org/Publications/AllPubs. aspx.

[33] HOGIE K, CRISCUOLO E, PARISE R. Using Standard Internet Protocols and Applications in Space[J]. Computer Networks, 2005, 47(5): 603 -650.

[34] MACNEICE P. Validation of Community Models: Identifying Events in Space Weather Model Timelines[J]. Space Weather, 2009, 7(6): 1-10.

[35] BURLEIGH S, HOOKE A, TORGERSON L, et al. Delay-Tolerant Networking: an Approach to InterPlanetary Internet[J]. IEEE Communications Magazine, 2003, 41(6): 128-136.

[36] SAMARAS C V, TSAOUSSIDIS V. Design of Delay-Tolerant Transport Protocol(DTTP)and its evaluation for Mars[J]. Acta Astronautica, 2010, 67(7-8): 863-880.

[37] FALL K. A delay-tolerant network architecture for challenged internets[C]. Proceedings of the 2003 Conference on Applications, Technologies, Architectures, and Protocols for Computer Communications, ACM, 2003.

[38] RAJA M C, YASIN N M, RAJAN M S D. Survey of Tolerant Network in Mobile Communication[J]. International Journal of Computer Science Issues, 2012, 9(1):299-309.

[39] PEOPLES C, PARR G, SCOTNEY B. Context-aware Policy-based Framework for Self-management in Delay-tolerant Networks: A case Study for Deep Space Exploration[J]. IEEE Communications Magazine, 2010, 48(7): 102-109.

[40] PAPASTERGIOU G, PSARAS I, TSAOUSSIDIS V. Deep-Space Transport Protocol: A novel Transport Scheme for Space DTNs[J]. Computer Communications, 2009, 32(16): 1757-1767.

[41] WANG R, TALEB T, JAMALIPOUR A, et al. Protocols for Reliable Data Transport in Space Internet[J]. IEEE Communications Surveys & Tutorials, 2009, 11(2): 21-32.

[42] FALL K, FARRELL S. DTN: an Architectural Retrospective[J]. IEEE journal on Selected Areas in Communications, 2008, 26(5): 828-836.

[43] HALL J R, HASTRUP R C. Deep space telecommunications, navigation, and information management: Support of the space exploration initiative[J]. Acta Astronautica, 1991, 24: 267-277.

[44] SCHENKER P S, HUNTSBERGER T L, PIRJANIAN P, et al. Robotic automation for space: Planetary surface exploration, terrain-adaptive mobility, and multi-robot cooperative tasks[J]. Jet Propulsion Lab. (United States); Massachusetts Institute of Technology (United States);Univ. of Reading (United Kingdom),2001,4572:12-28.

[45] BELL J A, STEPHENS E, BARTON G. Telecommunications, navigation and information management concept overview for the Space Exploration Initiative program[J]. Guidance and Control,1991(1991): 453-470.

[46] TERRY H, ADRIANS. Envisioning cognitive robots for future space exploration[C]. Conference on Multisensor, Multisource Information Fusion - Architectures,Algorithms and Applications, 2010.

[47] JONSSON A, ROBERT A M, PEDERSEN L. Autonomy in space: Current capabilities and future challenge[J]. International Lawyer, 2007, 28(4): 27.

[48] SIMPSON B, ROUFF C, ROBERTS J, et al. Autonomic associate for space exploration[C]. 7th IEEE International Conference and Workshop on Engineering of Autonomic and Autonomous Systems, IEEE, 2010: 126-128.

[49] TRUSZKOWSKI W, HINCHEY M, RASH J, et al. Autonomous and autonomic systems: a paradigm for future space exploration missions[J]. IEEE Transactions on Systems, Man, and Cybernetics, Part C, Applications and Reviews, 2006, 36(3):279-291.

[50] CERF V, BURLEIGH S, HOOKE A, et al. Delay tolerant network architecture[S/OL], 2004[2022-12-12]. https://www.researchgate.net/publication/ 245858262_Delay_tolerant_network_architecture_draft-irtf-dtnrg-arch-02txt.

[51] SCOTT K, BURLEIGH S. Bundle Protocol Specification, IETF RFC 5050, Experimental[S/OL], 2007[2022-12-12]. https://www.rfc-editor.org/rfc/rfc5050.

[52] SYMINGTON S, FARRELL S, WEISS H. Bundle Security Protocol Specification[S/OL], 2010[2022-12-12]. http://tools.ietf.org/html/draft-irtf-dtnrg-bundle-security-17.

[53] 吴越, 李建华, 林闯. 机会网络中的安全与信任技术研究进展[J]. 计算机研究与发展, 2013, 50(2): 278-290.

[54] FARRELL S, CAHILL V. Security Considerations in Space and Delay Tolerant Networks[C]. IEEE International Conference on Space Mission Challenges for Information Technology, IEEE, 2006: 29-38.

[55] BINDRA H S, SANGAL A L. Considerations and Open Issues in Delay Tolerant Network'S(DTNs) Security[J]. Wireless Sensor Network, 2010, 2(8): 645-648.

[56] 胡乔林, 苏金树, 赵宝康, 等. 延迟/中断容忍网络安全机制综述[J]. 计算机科学, 2009, 36(8): 8-11.

[57] BHUTTA N, ANSA G, Johnson E, et al. Security analysis for Delay/Disruption Tolerant satellite and sensor networks[C]. International Workshop on Satellite and Space Communications, IEEE, 2009: 385-389.

[58] 胡亮, 初剑峰, 林海群, 等. IBE 体系的密钥管理机制[J]. 计算机学报, 2009, 32(3): 543-551.

[59] BERKOVITS S, CHOKHANI S. Public Key Infrastructure Study: Final Report [OL]. Produced by the MITRE Corporation for NIST, 1994[2022-12-12]. https://www.researchgate.net/publication/237109598_Public_key_infrastructure_study_final_report.

[60] SHENG Y L, CRUICKSHANK H S, MOSELEY M, et al. Security architecture for satellite services over cryptographically heterogeneous networks[J]. Personal Satellite Services,2013,123:102-114.

[61] DRAKAKIS K E, PANAGOPOULOS A D, COTTIS P G. Overview of satellite communication networks security: introduction of EAP[J]. International Journal of Security and Networks, 2009, 4(3): 164-70.

[62] YOON E J, YOO K Y, HONG J W. An efficient and secure anonymous authentication scheme for mobile satellite communication systems[J]. Eurasip Journal on Wireless Communications and Networking, 2011, 2011(1):86.

[63] HOWARTH M P, IYENGAR S, SUN Z, et al. Dynamics of key management in secure satellite multicast[J]. IEEE Journal on Selected Areas in Communications, 2004, 22(2): 308-319.

[64] ARSLAN M G, ALAGÖZ F. Security Issues and Performance Study of Key Management Techniques Over Satellite Links[C]. Computer-Aided Modeling, Analysis and Design of Communication Links and Networks, 2006 11th International Workshop on. IEEE, 2006: 122-128.

[65] ZHEN W, DU X, YI S. Group Key Management Scheme Based on Proxy Re-cryptography for Near-Space Network[C]. 2011 International. Conference on Network Computing and Information Security. IEEE, 2011: 52-57.

[66] 钟焰涛, 马建峰. LEO/MEO 双层空间信息网中基于身份的群组密钥管理方案[J]. 宇航学报, 2011, 32(7): 1551-1556.

[67] MICHAEL S, GENE T, MICHAEL W. Diffie-Hellman Key Distribution Extended to Groups Communication[C]. 3rd ACM Conference On Computer and Communications Security ACM, 1996, 1: 31-37.

[68] SETH A, KESHAV S, Practical security for disconnected nodes[C]. Secure Network Protocols. (NPSec) 1st IEEE ICNP Workshop on. IEEE, 2005: 31-36.

[69] KATE A, ZAVERUCHA G M, HENGARTNER U, Anonymity and security in delay tolerant networks[C]. International Conference on Security and Privacy in Communications Networks and the Workshops. IEEE, 2007: 504-513.

[70] RAHMAN S U, HENGARTNER U, ISMAIL U, et al. Practical Security for Rural Internet Kiosks[C]. ACM workshop on Networked systems for developing regions. ACM, 2008: 13-18.

[71] DEFRAWY K, SOLIS J, TSUDIK G. Leveraging Social Contacts for Message Confidentiality in Delay Tolerant Networks[C]. IEEE International Computer Software and Applications Conference. IEEE, 2009: 271-279.

[72] WALDVOGEL M, CARONNI G, SUN D, et al. The VersaKey framework: versatile group key management[J]. IEEE Journal on Selected Areas in Communications. IEEE, 1999, 17(9): 1614-1631.

[73] INGEMARSSON I, TANG D, WONG C. A Conference Key Distribution System[J]. IEEE Transactions on Information Theory, 1982, 28(5): 714-720.

[74] HARNEY H, MUCKENHIRN C. Group Key Management Protocol (GKMP) Specification: RFC 2093[Z]. The Internet Society, 1997.

[75] HARNEY H, MUCKENHIRN C. Group Key Management Protocol (GKMP) Architecture: RFC 2094[Z]. The Internet Society, 1997.

[76] RUEPPEL R A, OORSCHOT P C. Modern Key Agreement Techniques[J]. Computer Communications, 1994, 17(7): 458-465.

[77] MAURER U M. Secret Key Agreement by Public Discussion from Common Information[J]. IEEE Transactions on Information Theory, 1993, 39(3): 733-742.

[78] JOHANN V D, DAWOUD D, STEPHEN M. A survey on peer-to-peer key management for mobile ad hoc networks[J]. ACM Computing Surveys, 2007, 39(1):1-45.

[79] DUTTA R, BARUA R. Overview of Key Agreement Protocols[EB/OL]. Cryptology ePrint Archive, 2005[2022-12-12]. http://eprint.iacr.org/,2005:1-46.

[80] DIFFIE W, HELLMAN M. New Directions in Cryptography[J]. IEEE Transaction on Information Theory, 1976, 22(6): 644-654.

[81] O'HIGGINS B, DIFFIE W, STRAWCZYNSKI L, et al. Encryption and ISDN - A Natural Fit[C]. International Switching Symposium(ISS87), 1987.

[82] MATSUMOTO T, TAKASHIMA Y, IMAI H. On Seeking Smart Public-Key-Distribution Systems[J]. IEICE Transactions, 1986, 69(2): 99-106.

[83] LAW L, MENEZES A, MINGHVA Q U, et al. An Efficient Protocol for Authenticated Key Agreement[J]. Design Codes and Cryptography, 2003, 28(2): 119-134.

[84] JEONG I R, KATZ J, LEE D H. One-round protocols for two-party authenticated key exchange[C]. International conference on applied cryptography and network security. Springer, 2004: 220-232.

[85] SMART N P. An Identity-based Authenticated Key Agreement Protocol Based on the Well Pairing[J]. Electronic Letters, 2002, 38: 630-632.

[86] SCOTT M. Authenticated ID-based Key Exchange and Remote Log-in with Insecure Token and PIN Number[EB/OL]. Cryptology ePrint Archive, 2002 [2022-12-12]. https://eprint.iacr.org/2002/164.pdf.

[87] CHEN L, KUDLA C. Identity based authenticated key agreement protocols from pairings[C],16th IEEE Computer Security Foundations Workshop. IEEE, 2003: 219-233.

[88] MCCULLAGH N, BARRETO P. A New Two-Party Identity-Based Authenticated Key Agreement[C]. CT-RSA 2005.

[89] JOUX A. A one round protocol for tripartite Diffie–Hellman[J]. Algorithmic Number Thery, 2000, 1838: 385-393.

[90] ZHANG F, LIU S, KIM K. ID-based One Round Authenticated Tripartite Key Agreement Protocol with Pairings[EB/OL]. Cryptology ePrint Archive, 2002 [2022-12-12]. http://eprint.iacr.org/2002/122.

[91] BURMESTER M, DESMEDT Y. A Secure and Efficient Conference Key Distribution System[C]. Advances in cryptology-EUROCRYPT, 94, 1994: 275-286.

[92] HARN L, LIN C. Efficient group Diffie–Hellman key agreement protocols[J]. Computers & Electrical Engineering, 2014, 40(6): 1972-1980.

[93] BOYD C, NIETO G. Round optimal Contributory Conference Key Agreement[C]. 6th International Workshop on Practice and Theory in Public Key Cryptography. Springe, 2003: 161-174.

[94] BONEH D, LYNN B, SHACHAM H. Short Signature from Weil Pairing[C]. Advances in Cryptography-ASIACRYPT 2001, Springer, 2001:213-229.

[95] BRESSON E, CATALANO D. Constant Round Authenticated Group Key Agreement via Distributed Computing[C]. Public Key Cryptology PKC 2004. Springer, 2004: 115-129.

[96] BRESSON E, Chevassut O, Pointcheavl D. Provably Authenticated Group Diffie-Hellman Key Exchange-The Dynamic Case[C]. Advance in Cryptography Asiacrypt 2001. Springer, 2001:290-309.

[97] BRESSON E, CHEVASSUT O, ESSIARI A, et al. Mutual Authentication and Group Key Agreement for Low-power Mobile Devices[J]. Computer Communications, 2004, 27(17):1730-1737.

[98] NAM J H, KIM S D, KIM S J, et al. Provably-Secure and Communication-Efficient Scheme for Dynamic Group Key Exchange[J]. Korea Information Protection Society, 2004(8):163-181.

[99] 李先贤, 怀进鹏, 刘旭东. 群密钥分配的动态安全性及其方案[J]. 计算机学报, 2002,254(4):337-345.

[100] DUNIGAN T, CAO C. Group Key Management[R]. Mathematical Sciences Section, Oak Ridge National Laboratory, 1998[2022-12-12]. https://www.researchgate.net/publication/2665522_Group_Key_Management.

[101] JOHANN M, DAWOUD D, STEPHEN M. A survey on peer-to-peer key management for mobile ad hoc networks[J]. ACM Computing Surveys, 2007,39(1):1-45.

[102] CHALLAL Y, SEBA H. Group Key Management Protocols: A Novel Taxonomy[J]. International Journal of Information Technology, 2005, 2(2):105-119.

[103] AMIR Y, KIM Y, NITA R, et al. GENE T. On the Performance of Group Key Agreement Protocols[J]. ACM Transactions on Information and System Security, 2004,7(3): 457-488.

[104] CHU H, QIAO L, NAHRSTEDT K. A Secure Multicast Protocol with Copyright Protection[J]. Computer Communications Review, 2002, 32(2): 42-60.

[105] WALLNER D, HARDER E, AGEE R. Key Management for Multicast: Issues and Architectures[J]. RFC,1999:2627.

[106] WONG C K, GOUDA M, LAM S S. Secure Group Communications Using Key Graphs[J]. IEEE/ACM Transaction on Networking, 2000, 8(1):16:30.

[107] BALENSON D, MCGREW D, SHERMAN A. Key Management for Large Dynamic Groups: One-Way Function Trees and Amortized Initialization[R]. IRTF SMUG Meeting, 1999, 15: 1-14[2022-12-12]. http://securemulticast. hardjono.net/smug3-balenson.pdf.

[108] SHERMAN A T, MCGREW D A. Key Establishment in Large Dynamic Groups using One-way Function Trees[J]. IEEE Transactions on Software Engineering, 2003, 29(5): 444-458.

[109] CANETTI R, GARAY J. Multicast Security: A taxonomy and Efficient Constructions[C]. Eighteenth Annual Joint Conference of the IEEE Computer and Communications Societies，IEEE, 1999: 708-716.

[110] CHIOU G H, CHEN W T. Secure Broadcast using Secure Lock[J]. IEEE Transactions on Software Engineering, 1989, 15(8):929-934.

[111] KUROSAWA K. Multi-recipient public-key encryption with shortened cipher-text[C]. 4th international Workshop on Practice and Theory in Public Key Cryptosystem, Springer, 2002:48-63.

[112] PANG L J, LI H X, PEI Q Q, et al. A Public Key Encryption Scheme with One-Encryption and Multi-Decryption[J]. Chinese Journal Of Computers, 2012,35(5):1059-1067.

[113] ZHU S, SETIA S, XU S, et al. GKMPAN: An Efficient Group Rekeying Scheme for Secure Multicast in Ad Hoc Networks[J]. Journal of Computer Security,2006, 14(4):301- 325.

[114] ESCHENAUER L. GLIGOR V D. A key- management scheme for distributed sensor networks[C]. 9th ACM conference on Computer and Commu-nications Security, ACM, 2002:41-47.

[115] SHAMIR A. Identity-based Cryptosystems and Signature Schemes[C]. CRYPTO′84, 1984:47-53.

[116] ABDEL A K. Cryptanalysis of a Polynomial-based Key Management Scheme for Secure Group Communication[J]. International Journal of Network Security, 2013,15(1): 68-70.

[117] KAYA T, LIN G, NOUBIR G, et al. Secure multicast groups on Ad Hoc networks[C]. Proceedings of the 1st ACM Workshop on Security of Ad Hoc and sensor Networks, ACM, 2003:94-102.

[118] BALLARDIE T. Scalable Multicast Key Distribution: RFC 1949[Z]. Network Working Group.1996[2022-12-12]. ftp://ftp.man.szczecin.pl/pub/rfc/pdfrfc/rfc1949.txt.pdf

[119] HARDJONO T, CAIN B, MONGA I. Intra-domain Group Key Management for Multicast Security[Z]. IETF Internet draft, 2000[2022-12-12]. https://sci-hub.et-fine.com/.

[120] CHADDOUD G, CHRISMENT I, SHAFF A. Dynamic Group Communication Security[C]. 6th IEEE Symposium on computers and communication, IEEE, 2001:4956.

[121] SETIA S, KOUSSIH S, JAJODIA S, et al. Kronos: A Scalable Group Rekeying Approach for Secure Multicast[C]. IEEE Symposium on Security and Privacy, IEEE, 2000:215-228.

[122] BRISCOE B. MARKS: Zero side effect multicast key management using arbitrarily revealed key sequences[C]Networked Group Communication. Springer, 1999: 301-320.

[123] RHEE K H, PARK Y H, TSUDIK G. A group key Management Architecture for Mobile Ad Hoc Wireless Networks[J]. Journal of Information Science and Engineering, 2005, 21(2):415-428.

[124] HIETALHTI M. A Clustering-based Group Key Agreement Protocol for Ad Hoc Networks[J]. Electronic Notes in Theoretical Computer Science, 2008, 192(2):43-53.

[125] WANG N C, FANG S I. A Hierarchical Key Management Scheme for Secure Group Communications in Mobile Ad Hoc Networks[J]. The Journal of Systems and Software, 2007, 80(10): 1667-1677.

[126] DONDETI L R, MUKHERJEE S, SAMAL A. Scalable Secure One-to-many Group Communication Using Dual Encryption[J]. Computer Communications, 2000, 23(17): 1681-1701.

[127] DONDETI L R, MUKHERJEE S, SAMAL A, et al. Comparison of hierarchical key distribution schemes[C], Proceedings of IEEE Globecom Global Internet Symposium, IEEE. 1999.

[128] DONDETI L R, MUKHERJEE S, SAMAL A. Survey and Comparison of Secure Group Communication Protocols[R]. University of Maryland Technical Report, 1999.

[129] TSAVR W J, PAI H T. Tsaur W J, et al. Dynamic key management schemes for secure group communication based on hierarchical clustering in mobile adhocnetworks[C]. International Symposium on Parallel and Distributed Processing and Applications. Springer, 2007: 475-484.

[130] KLAUS B, UTA W. Communication Complexity of Group Key Distribution[C]. Proceedings of the 5th ACM conference on Computer and communications security, ACM, 1998: 1-6.

[131] STEER D G, STRAWCZYNSKI L, DIFFIE W. et al. A secure audio teleconference system[C]. Lecture Notes In Computer Science. Springer, 1988: 520-528.

[132] KIM Y, PERRIG A, TSUDIK G. Communication-efficient group key agreement[C]. IFIP International Information Security Conference. Springer, 2001: 229-244.

[133] KIM Y, PERRIG A, TSUDIK G. Simple and Fault-tolerant Key Agreement for Dynamic Collaborative Groups[C]. Proceeding of the 7th ACM Conference on Computer and Communications Security, ACM,2000:235-244.

[134] KIM Y, PERRIG A, TSUDIK G. Tree-based Group Key Agreement[J]. ACM Transactions on Information System Security, 2004,7(1):60-96.

[135] LIAO L, MANULIS M. Tree-based Group Key Agreement FRamework for Mobile Ad Hoc Networks[J]. Future Generation Computer Systems,2007, 23(6): 787-803.

[136] JOUX A, NGUYEN K. Separating decision Diffie–Hellman from computational Diffie–Hellman in cryptographic groups[J]. Journal of cryptology, 2003, 16(4): 239-247.

[137] DUURSMA I, LEE H S. A Group Key Agreement Protocol from Pairings[J]. Applied Mathemat ics and Computation, 2005,167(2):1451-1456.

[138] WU Q H, MU Y, SUSILO W, et al. Asymmetric Group Key Agreement[C]. 28th Annual International Conference on the Theory and Applications of Cryptographic Techniques Cologne, EUROCRYPT, 2009:153-170.

[139] ZHANG L, WU Q H, QIN B, et al. Asymmetric Group Key Agreement Protocol for Open Networks and Its Application to Broadcast Encryption[J]. Computer Networks, 2011,55(15):3246-3255.

[140] FRANK S. The Resurrecting Duckling: What Next?[J]. Lecture Notes in Computer Science, 2001, 2133(1): 204-214.

[141] CAPKUN S, BUTTYAN L, HUBAUX J P. Self-Organized Public Key Management for Mobile Ad-Hoc Networks[J]. IEEE Transactions on Mobile Computing, 2003, 2(1): 52-64.

[142] ZHOU L, HAAS Z. Securing Ad hoc Networks[J]. IEEE Network, 1999, 13(6): 24- 30.

[143] KONG J, ZERFOS P, LUO H, et al. Providing Robust and Ubiquitous Security Support for Mobile Ad-Hoc Networks[C]. 9th International Conference on Network Protocols, IEEE, 2001:251-261.

[144] YI S, KRAVETS R. Composite key Management for Ad Hoc Networks[C]. the 1st Annual International Conference on Mobile and Ubiquitous Systems: Networking and Services, IEEE, 2004,4:52-61.

[145] 况晓辉, 胡华平, 卢锡城. 移动自组网络组密钥管理框架[J]. 计算机研究与发展, 2004(4): 704-709.

[146] ALKALAI L. An Overview of Flight Computer Technologies for Future NASA Space Exploration Missions[J]. Acta Astronautica, 2003, 52(9): 857-867.

[147] CASSADY R J, FRISBEE R H, GILLAND J H, et al. Recent Advances in Nuclear Powered Electric Propulsion for Space Exploration[J]. Energy Conversion and Management, 2008, 49(3):412-435.

[148] MORRIS R. AI for autonomy in space exploration: Current Capabilities and Future Challenges[C]. 19th International Florida Artificial Intelligence Research Society Conference, NASA, 2006:13.

[149] SAMAAN N, KARMOUCH A. Towards Autonomic Network Management: an Analysis of Current and Future Research Directions[J]. IEEE Communications Surveys &Tutorials, 2009, 11(3):22-36.

[150] JÓNSSON A K. MORRIS R A, PEDERSEN L. Autonomy in space: Current capabilities and future challenge[J]. AI magazine, 2007, 28(4): 27-42.

[151] 蔡善钰, 何舜尧. 空间放射性同位素电池发展回顾和新世纪应用前景[J]. 核科学与工程, 2004, 24(2): 97-104.

[152] STEVEN D G, Kenneth G P, Nigel P S. Pairings for cryptographers[J]. Discrete Applied Mathematics, 2008,156(16):3113-3121.

[153] DESMEDT Y G. Threshold cryptography[J]. European Transactions on Telecommunications, 1994, 5(4): 449-458.

[154] DESMEDT Y. Some Recent Research Aspects of Threshold Cryptography[J]. Lecture Notes in Computer Science, 1998, 1396(1):158-173.

[155] 张华, 温巧燕, 金正平. 可证明安全算法与协议[M]. 北京: 科学出版社, 2012.

[156] DU H Z, WEN Q Y. Efficient and Provably-secure Certificateless Short signature Scheme from Bilinear Pairings[J]. Computer Standards & Interfaces, 2009,31(2):390-394.

[157] KATZ J, LINDELL Y. Introduction to Modern Cryptography[M]. Los Angeles: CRC Press, 2014.

[158] NEEDHAM R M, SCHROEDER M D, GAINES R S. Using Encryption for Authentication in Large Networks of Computers[J]. Communications of the ACM, 1978, 21(12): 993-999.

[159] DIFFIE W, HELLMAN M E. Privacy and Authentication: An Introduction to Cryptography[J]. Proceedings of the IEEE,1979, 67(3):397-427.

[160] BELLOVIN S M, MERRITT M. Augmented Encrypted Key Exchange: A Password-Based Protocol Secure against Dictionary Attacks and Password File Compromise[C]. Proceeding of the 1st Annual Conference on Computer and Communications Security, ACM,1993:244-250.

[161] CHAN C K, CHENG L M. Cryptanalysis of a remote user authentication scheme using smart cards[J]. IEEE Transactions on Consumer Electronics, 2000, 46(4): 992-993.

[162] SIMSON G. Pretty good privacy[C]. the 4th conference on Encyclopedia of Computer Science, 2003, 4:1421-1422.

[163] NEUMAN B C, TSO T. Kerberos: An Authentication Service for Computer Net- works[J]. IEEE Communication Magazine,1994,32(9):33-38.

[164] GANESAN R. The Yaksha Security System[J]. Communications of the ACM, 1996, 39(3): 55-60.

[165] CABALLERO P, HERNÁNDEZ C. Self-Organized Authentication in Mobile Ad-Hoc Networks[J]. Journal of Communications and Networks, 2009, 11(5): 509-517.

[166] HANKA O, EICHHORN M, PFANNENSTEIN M. A Distributed Public Key Infrastructure Based on Threshold Cryptography for the HiiMap Next Generation Internet Architecture[J]. Future Internet, 2011, 3(1):14-30.

[167] FEIGE U, FIAT A, SHAMIR A. Zero-knowledge Proofs of Identity[J]. Journal of Cryptology, 1988, 1(2): 77-94.

[168] CAYREL P, VÉRON P, MOHAMED E Y. A Zero-Knowledge Identification Scheme Based on the q-ary Syndrome Decoding Problem[J]. Lecture Notes in Computer Science, 2011, 6544(1):171-186.

[169] AU M H, TSANG P P, SUSILO W, et al. Dynamic Universal Accumulators for DDH Groups and Their Application to Attribute-Based Anonymous Credential Systems[J]. Lecture Notes in Computer Science, 2009, 5473(1): 295-308.

[170] KIZZA J M. Feige-Fiat-Shamir ZKP Scheme Revisited[J], International Journal of Computing and ICT Research, 2010,4(1):9-19.

[171] TAKASHI S, KAORU K, SHIGEO T. Privacy for Multi-Party Protocols[J]. Lecture Notes in Computer Science, 1993, 718(1):252-260.

[172] BRICKELL J, SHMARTIKOV V. Privacy Preserving Graph Algorithms in the Semi-honest Model[J]. Lecture Notes in Computer Science, 2005, 3788(1): 236-252.

[173] GOLDWASSER S, MICALI S. Probabilistic encryption[J]. Journal of Computer and System Sciences, 1984, 28(2): 270-299.

[174] 贾小英, 李宝, 刘亚敏. 随机谕言模型[J]. 软件学报, 2012, 23(1): 140-151.

[175] FENG B, ROBERT H D, HUA F Z. Variations of Diffie-Hellman Problem[J]. Lecture Notes in Computer Science, 2003, 2836(1): 301-312.

[176] DAN B, SAHAI A, WATERS B. Functional encryption: A new vision for public-key cryptography[J]. Communications of the ACM, 2012,55(11):56-64.

[177] BLAKE-WILSON S. Information security, mathematics, and public-key cryptography[J]. Designs, Codes and Cryptography, 2000,19(2-3): 77-99.